myBook+

Ihr Portal für alle Online-Materialien zum Buch!

Arbeitshilfen, die über ein normales Buch hinaus eine digitale Dimension eröffnen. Je nach Thema Vorlagen, Informationsgrafiken, Tutorials, Videos oder speziell entwickelte Rechner – all das bietet Ihnen die Plattform myBook+.

Ein neues Leseerlebnis

Lesen Sie Ihr Buch online im Browser – geräteunabhängig und ohne Download!

Und so einfach geht's:

- Gehen Sie auf **https://mybookplus.de**, registrieren Sie sich und geben Ihren Buchcode ein, um auf die Online-Materialien Ihres Buchs zu gelangen
- **Ihren individuellen Buchcode finden Sie am Buchende**

Wir wünschen Ihnen viel Spaß mit myBook+ !

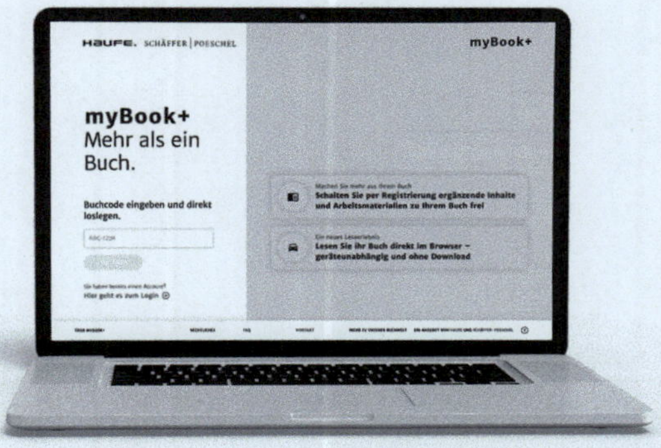

Crashkurs BWA

Elisabeth Träger

Crashkurs BWA

Betriebswirtschaftliche Auswertungen erstellen, lesen und verstehen

2. aktualisierte und überarbeitete Auflage

Haufe Group
Freiburg · München · Stuttgart

Bibliografische Information der Deutschen Nationalbibliothek

Die Deutsche Nationalbibliothek verzeichnet diese Publikation in der Deutschen Nationalbibliografie; detaillierte bibliografische Daten sind im Internet über http://dnb.dnb.de/ abrufbar.

Print: ISBN 978-3-648-17158-5 Bestell-Nr. 11461-0002
ePub: ISBN 978-3-648-17159-2 Bestell-Nr. 11461-0101
ePDF: ISBN 978-3-648-17160-8 Bestell-Nr. 11461-0151

Elisabeth Träger
Crashkurs BWA
2. aktualisierte und überarbeitete Auflage, Januar 2024

www.haufe.de
info@haufe.de

Bildnachweis (Cover): © iStock, xavierarnau

Produktmanagement: Dipl.-Kfm. Kathrin Menzel-Salpietro
Lektorat: Juliane Sowah

Inhaltsverzeichnis

Vorwort

Oh je! Die Buchhaltung muss wieder erledigt werden. Für viele Selbstständige kein besonders angenehmer Punkt auf der To-do-Liste. Und wenn dann wenigstens alles erledigt, zusammengestellt und erfasst ist, verschwinden die Auswertungen zur Buchhaltung gerne sofort in der Schublade – falls sie überhaupt ausgedruckt werden. Wenn ich die Teilnehmer meiner Buchhaltungskurse danach frage, wissen zwar viele ungefähr was eine BWA – also eine betriebswirtschaftliche Auswertung – ist, aber was genau dieser »Zahlenhaufen« bringen soll, ist den meisten ein Rätsel. Zu unübersichtlich und verworren scheinen die Tabellen. Das vorläufige Ergebnis ganz unten wird vielleicht noch kurz beachtet, aber die anderen Werte, Kennzahlen und Ergebnisse?

Welche der vielen verfügbaren Auswertungen ist denn überhaupt die richtige für meine Fragestellung? Was bringt es, sich damit auseinanderzusetzen? Was sagen die Auswertungen aus und wie sind sie aufgebaut? Welche Fragen sollte ich evtl. meinem Steuerberater stellen? Und wo beginnt man eigentlich am besten, wenn man sich mit der BWA genauer beschäftigen möchte? Diese und viele weitere Fragen sind Inhalt dieses Buches. Es soll Ihnen helfen, aus den Daten, die Sie in Ihrem Buchhaltungsprogramm erfassen oder von Ihrem steuerlichen Berater erfassen lassen, Schlüsse für die Steuerung Ihres Unternehmens zu ziehen. Schritt für Schritt sehen wir uns die gängigsten und hilfreichsten Auswertungen zu Ihren Buchhaltungsdaten an.

Die hier abgebildeten betriebswirtschaftlichen Auswertungen sind mit der Software *Lexware buchhaltung plus* von Haufe Lexware erstellt. Im Grunde ist es aber egal, welches Buchhaltungsprogramm Sie benutzen, die Auswertungen unterscheiden sich in der Regel im Aufbau nur marginal.

Ich hoffe, dieses Buch kann Ihnen dabei helfen, sich in Ihren betriebswirtschaftlichen Auswertungen zurechtzufinden und die Buchhaltung nicht mehr nur als notwendiges Übel zu sehen. Ich möchte Sie dazu motivieren, sich für Ihre Auswertungen mehr Zeit zu nehmen und Ihnen helfen, das Optimale aus Ihren BWAs herauszuholen. Verschenken Sie nicht das Potenzial, das die betriebswirtschaftlichen Auswertungen bieten, sondern nutzen Sie sie als umfangreiches Informationstool für Ihr Unternehmen.
Vielleicht möchten Sie mich auch gerne auf meiner Website: www.traeger-consulting.de besuchen?

Wie bei vielen Vorworten kommt auch bei mir an dieser Stelle ein großes **Danke.**

Von Herzen danke an meinen großartigen Ehemann und meine wunderbare Tochter für ihre Unterstützung und die vielen Tassen Kaffee, die an meinen Schreibtisch geliefert wurden. Danke auch an meine Mutter für die immer wieder gute Versorgung mit leckerem Essen und dem einen oder anderen Kuchen. Und ein ganz besonderer Dank gilt einem sehr wichtigen Menschen, der leider dieses Buch nicht mehr lesen kann, aber an den ich besonders oft während des Schreibens gedacht habe: Danke, Papa.

Vielen Dank auch an den Haufe Verlag: an Kathrin Salpietro und Helmut Haunreiter sowie Juliane Sowah für die überaus gute, konstruktive und angenehme Zusammenarbeit.

Ein Dankeschön geht auch an Herrn Sejdic für das interessante und äußerst angenehme Interview zum Thema BWAs und Banken.

Ich möchte Ihnen noch zwei Hinweise geben. Zum einen: Wenn von Unternehmern, Steuerberatern usw. die Rede ist, wird die männliche Form aus Gründen der besseren Lesbarkeit verwendet. Die Begriffe beziehen sich aber auf jedes Geschlecht.

Und zum anderen: Die temporäre Absenkung des allgemeinen und ermäßigten Umsatzsteuersatzes ab dem 01. Juli 2020 wurde in diesem Buch nicht berücksichtigt. Die Ausführungen beziehen sich auf die Buchungskonten mit allgemeinem Umsatzsteuersatz von 19% und ermäßigtem Umsatzsteuersatz von 7%.

So, und jetzt legen wir los! Viel Spaß und Erfolg beim Lesen wünscht Ihnen Ihre

Elisabeth Träger

1 Wer begleitet Sie durch das Buch?

Vielleicht geht es Ihnen wie unserem Beispielunternehmer: Buchhaltung gehört nicht zu Ihren Lieblingsaufgaben. Buchführung und Steuerrecht gelten ja gemeinhin als eintönige und gar langweilige Themenfelder, mit denen viele Unternehmer möglichst wenig zu tun haben wollen. Schade eigentlich, denn Buchhaltung ist ja nichts anderes als die Übersetzung Ihres unternehmerischen Lebens in Zahlen. Alles, was in Ihrem Unternehmen geschieht, wird in Euro wiedergegeben und kann dann über Auswertungen zusammengefasst aufbereitet werden – also im Grunde ist es höchst interessant zu wissen, was in Ihrem Unternehmen zahlenmäßig so vor sich geht. Trotzdem sind die theoretischen Ausführungen und Erklärungen zu diesem Thema zugegebenermaßen manchmal etwas trocken. Umso wichtiger ist es, mithilfe eines Beispielunternehmens, dem wir in diesem Buch regelmäßig begegnen werden, deren praktischen Nutzen zu zeigen.

Beispielunternehmen Don Bardo

Johann Bardo betreibt in Weinstadt ein Geschäft für Inneneinrichtung und Dekoration namens »Don Bardo«. Hauptsächlich kümmert er sich um die Inneneinrichtung von großen Hotels und Restaurants. Er hat ein angemietetes Ladenlokal und wird von drei Angestellten unterstützt. Herr Bardo erstellt unterjährig seine Buchhaltung über den Kontenrahmen SKR 04[1] und als vorsteuerabzugsberechtigter Regelbesteuerer die zugehörigen Umsatzsteuer-Voranmeldungen selbst. Die jährliche Bilanz und Gewinn- und Verlustrechnung werden von seinem Steuerberater angefertigt. Bei der letzten Jahresabschlussbesprechung gab es für Herrn Bardo nicht zum ersten Mal eine Überraschung bezüglich seines Unternehmensergebnisses. Gut, er beachtet die monatlichen Buchhaltungsauswertungen eher wenig, aber aufgrund der ausgewiesenen vorläufigen Ergebnisse seiner Erfolgsauswertungen hätte er eigentlich einen viel höheren Jahresgewinn erwartet. Wie kann es sein, dass seine Erwartungen so stark von der Realität abgewichen sind? Herr Bardo meint, es wird wohl Zeit, die Auswertungen genauer zu studieren.

1 Siehe in Kapitel 3.1.2 den Exkurs »Der Kontenrahmen mit den Kontenklassen und der Kontenplan«.

Hinweis

Im Anhang des Buches finden Sie die wichtigsten Auswertungen bzw. Berichte für unser Beispielunternehmen in ausführlicher Form, während in den einzelnen Kapiteln der Übersichtlichkeit halber lediglich Auszüge aus den verschiedenen Berichten dargestellt werden.

Bitte machen Sie sich vor dem Durcharbeiten des Buches zunächst mit den verschiedenen Auswertungen und deren Bezeichnungen vertraut. Am besten legen Sie sich die Auswertungen unseres Beispielunternehmens »Don Bardo« während des Lesens bereit, um die Ausführungen direkt an den Unterlagen nachvollziehen zu können. Damit Sie sie bequem ausdrucken können, stellen wir Ihnen die Dateien aller Auswertungen online als digitale Extras zum Download zur Verfügung.

2 Warum sollten Sie Ihre BWA lesen und verstehen können?

Der Begriff »BWA« wird Ihnen wahrscheinlich im Zusammenhang mit Ihrer Buchhaltung, bei der Bedienung Ihres Buchhaltungsprogramms – sofern Sie selbst mit ihm arbeiten – oder bei Gesprächen mit Ihrem Steuerberater schon einmal begegnet sein. Vielleicht halten Sie Ihre betriebswirtschaftlichen Auswertungen auch jeden Monat in Ihren Händen, werfen einen kurzen Blick darauf und heften sie dann, wie viele andere Selbstständige auch, zumindest wieder gewissenhaft in Ihrem Buchhaltungsordner ab.

Warum werden denn betriebswirtschaftliche Auswertungen oft so stiefmütterlich behandelt? Meist ist den Unternehmern der Nutzen der Auswertungen nicht bewusst. Manche trauen sich auch nicht so recht an diese Zahlensammlung heran, würden aber eigentlich gerne mehr aus den Auswertungen herauslesen können als nur das vorläufige Ergebnis. Vielleicht aber wissen Sie auch noch gar nicht, wofür die BWA eigentlich gut sein soll. Eines vorweg: Eine intensive Auseinandersetzung mit diesen unterjährigen Auswertungen lohnt sich – schließlich geht es ja um Ihr Unternehmen.

2.1 Was ist eine BWA?

Kommen wir erst einmal zur drängendsten Frage: Was bedeutet BWA eigentlich? Wofür steht die Abkürzung? BWA heißt ausgeschrieben »**B**etriebs**w**irtschaftliche **A**uswertung«. Das bedeutet, BWAs liefern aufbereitete Informationen zu den Vorgängen im Betrieb. Die DATEV, eine Genossenschaft, die IT-Lösungen für den kaufmännischen und rechtlichen Bereich anbietet, hat im Jahr 1966 die erste BWA herausgebracht. Seitdem haben sich die betriebswirtschaftlichen Auswertungen als feste Bestandteile der Buchhaltung etabliert und werden beispielsweise, wenn die Buchhaltung von einem Steuerberater erfasst wird, standardmäßig an die Mandanten herausgegeben.

Lassen Sie uns zunächst einen Blick auf eine BWA werfen. Auf der folgenden Doppelseite sehen Sie einen Auszug aus der sogenannten »Kostenstatistik I« – eine bestimmte Form der BWA, die mittels der Software *Lexware buchhaltung plus* erstellt wurde:

Betriebswirtschaftliche Auswertung A.

Johann Bardo Don Bardo Einrichtung & Deko, Rebenstraße 1, 12345 Weinstadt

	Juni				
	Saldo	**%Ges.-Leistung**	**% Ges.-Kosten**	**% Pers.-Kosten**	**Aufschl.**
Umsatzerlöse	48.307,84	100,00			
Bestandsveränderung F/U Erz					
Aktivierte Eigenleistungen					
Gesamtleistung	**48.307,84**	**100,00**	**281,83**	**733,00**	
Mat./Warenverbr.	28.112,27	58,19	164,01	426,56	100,00
Rohertrag	**20.195,57**	**41,81**	**117,82**	**306,44**	**71,84**
So. betr. Erlöse	700,00	1,45	4,08	10,62	
Betriebl. Rohertrag	**20.895,57**	**43,26**	**121,90**	**317,06**	**74,33**
Personalkosten	6.590,40	13,64	38,45	100,00	23,44
Raumkosten	1.134,45	2,35	6,62	17,21	4,04
…	…	…	…	…	…
…	…	…	…	…	…
Reparatur/Instandhaltung	453,78	0,94	2,65	6,89	1,61
Sonstige Kosten	4.696,70	9,72	27,40	71,27	
Gesamtkosten	**17.141,05**	**35,48**	**100,00**	**260,09**	
Betriebsergebnis	**3.754,52**	**7,77**			
Zinsaufwand	186,66	0,39			
…	…	…	…	…	…
Neutr. Aufwand Ges	**186,66**	**0,39**			
…	…	…	…	…	…
Neutr. Ertrag Ges					
Ergebnis vor Steuern	**3.567,86**	**7,39**			
Steuern Einkommen und Ertrag	75,00	0,16			
Vorl. Ergebnis	**3.492,86**	**7,23**			

Kostenstatistik I (Auszug)

in €

	Jahresverkehrszahlen bis Ende Juni				
	Saldo	**% Ges.-Leistung**	**% Ges.-Kosten**	**% Pers.-Kosten**	**Aufschl.**
Umsatzerlöse	272.967,86	100,00			
Bestandsveränderung F/U Erz					
Aktivierte Eigenleistungen					
Gesamtleistung	**272.967,86**	**100,00**	**317,12**	**690,32**	
Mat./Warenverbr.	161.116,66	59,02	187,18	407,45	100,00
Rohertrag	**111.851,20**	**40,98**	**129,94**	**282,86**	**69,42**
So. betr. Erlöse	4.200,00	1,54	4,88	10,62	
Betriebl. Rohertrag	**116.051,20**	**42,51**	**134,82**	**293,49**	**72,03**
Personalkosten	39.542,40	14,49	45,94	100,00	24,54
Raumkosten	6.806,72	2,49	7,91	17,21	4,22
…	…	…	…	…	…
…	…	…	…	…	…
Reparatur/Instandhaltung	703,78	0,26	0,82	1,78	0,44
Sonstige Kosten	17.613,13	6,45	20,46	44,54	
Gesamtkosten	**86.077,34**	**31,53**	**100,00**	**217,68**	
Betriebsergebnis	**29.973,86**	**10,98**			
Zinsaufwand	1.120,00	0,41			
…	…	…			…
Neutr. Aufwand Ges	**1.200,00**	**0,41**			
…	…	…	…	…	…
Neutr. Ertrag Ges	**4.200,68**	**1,54**			
Ergebnis vor Steuern	**33.054,54**	**12,11**			
Steuern Einkommen und Ertrag	450,00	0,16			
Vorl. Ergebnis	**32.604,54**	**11,94**			

Umgangssprachlich wird immer von »der BWA« gesprochen, dabei ist das genau genommen falsch. »Die« BWA an sich existiert nicht – im Gegenteil –, zur Analyse der betriebswirtschaftlichen Situation gibt es, wie Sie auf den folgenden Buchseiten erfahren werden, eine Reihe von Auswertungen. Allen gemeinsam ist die komprimierte Aufbereitung der Buchhaltungsdaten und die Darstellung verschiedener betrieblicher Aspekte. Die Begrifflichkeiten können sich aber zum Teil, je nach verwendetem Buchhaltungsprogramm, unterscheiden.

Hinweis

In diesem Buch arbeite ich mit den Begriffen und Auswertungen des Lexware Buchhaltungsprogramms. Die Bezeichnungen der DATEV und anderer BWA-Anbieter sind aber in der Regel nur geringfügig anders.

Der Begriff »BWA« wird in der Praxis meistens sogar nur für eine bestimmte Auswertungsart, nämlich für die »Kostenstatistik I« von Lexware bzw. die »Kurzfristige Erfolgsrechnung« der DATEV verwendet. Dieser Auswertungstyp ist wichtig, um sich schnell einen Überblick über das Unternehmen und dessen Erfolg im Sinne der Ertragslage zu verschaffen. Es kann also sein, dass Sie unter dem Begriff BWA bisher nur die Kostenstatistik I kennengelernt haben. Die weiteren Auswertungstypen, wie z. B. die Bewegungsbilanz[2], der Soll-Ist-Vergleich[3] und die weiteren in diesem Buch dargestellten Berichte, sind aber nicht weniger wichtig und hilfreich, sie haben sich nur bisher im buchhalterischen Alltag nicht als Standardauswertungen durchgesetzt.

2.2 Wozu dienen BWAs?

Sie erinnern sich an unser Beispielunternehmen »Don Bardo«. Sein Inhaber Johann Bardo sieht sich gerade die eben dargestellte BWA seiner Firma an und ist angesichts der dort gezeigten Zahlen etwas verunsichert.

Beispielunternehmen Don Bardo

Johann Bardo betrachtet, wie so viele andere Unternehmer auch, nur »das, was rauskommt«, sprich das vorläufige Ergebnis. Was er aber vom Zusatz »vorläufig« halten soll und wie dann das tatsächliche Jahresergebnis laut Gewinn- und Verlustrechnung des Steuerberaters aussieht, weiß er nicht, denn beim letzten Jahresabschluss hätte er aufgrund der unterjährigen vorläufigen Ergebnisse eigentlich einen höheren Jahresgewinn erwartet. Beim Überfliegen der einzelnen Zeilen ist er sich nicht sicher, ob die Zahlen tatsächlich plausibel sind, denn irgendwie kommen ihm einzelne Positionen zu hoch bzw. zu niedrig vor.

2 Siehe Kapitel 5 » Herkunft und Verwendung der Mittel – die Bewegungsbilanz«.
3 Siehe Kapitel 7.2 »BWAs als Soll-Ist-Vergleich«.

Beim Blick auf die Kostenstatistik I werden Sie wahrscheinlich zuerst nach der Zeile »Vorl. Ergebnis« suchen. Das ist schließlich das, was zählt, oder? Aber darf man dem ausgewiesenen Ergebnis wirklich trauen, ist es tatsächlich das, was am Jahresende »rauskommt« und das, was man versteuern muss? Oder ist das vielleicht das Ergebnis nach Steuern? Oft reagieren Unternehmer überrascht auf das vorläufige Ergebnis. Entweder, weil sie sich nicht recht erklären können, wie es zu einem vermeintlich hohen vorläufigen Ergebnis kommt, wenn die gefühlte Unternehmenslage schlechter ist, oder, weil sie eigentlich mit einem besseren Ergebnis gerechnet hätten. Aber seien Sie gewiss, nicht nur das vorläufige Ergebnis ist interessant. Betriebswirtschaftliche Auswertungen bieten einiges mehr an Informationen. Und das ist auch schon der erste Grund, warum Sie sich als Unternehmer unbedingt intensiver mit Ihren betriebswirtschaftlichen Auswertungen auseinandersetzen sollten.

2.2.1 Die BWA als Informationstool

Es gibt nicht wenige Situationen im Unternehmensalltag, in denen unternehmerische Zahlen gefragt sind. Wie Sie selbst sicher wissen, müssen in einem Unternehmen ständig Entscheidungen getroffen werden und das funktioniert nur, wenn Sie eine ausreichende Informationsbasis dafür haben.

Betriebswirtschaftliche Auswertungen liefern aktuelle Unternehmenszahlen in verdichteter Form. Egal, ob Informationen zur Ertragslage des Unternehmens, zur Liquidität, zu Veränderungen des Vermögens und Kapitals oder weiterführende Betriebsanalysen mittels Vergleichsrechnungen gebraucht werden: Auf Knopfdruck lassen sich über die BWAs komprimierte Daten zu den verschiedensten unternehmerischen Fragen generieren. Dabei ist es nicht notwendig, mitunter monatelang auf den nächsten Jahresabschluss zu warten, denn die Datenbasis für die BWAs ist ja die laufende Buchhaltung. Steuert das Unternehmen in eine Krise, bleibt es auf Kurs oder gehen die Umsätze gerade durch die Decke? Eine BWA kann die aktuellen Entwicklungen nach Fertigstellung der Buchhaltung sofort in übersichtlicher Form aufzeigen. Betriebswirtschaftliche Kennzahlen zur Einschätzung der Unternehmenslage sind dabei gleich mit an Bord und dienen dazu, sich schnell einen Überblick zu verschaffen. Wichtig dabei ist aber, dass Sie als Unternehmer auch verstehen, wie die Zahlen korrekt zu interpretieren sind. Es ist essenziell, dass Sie wissen, was der Rohertrag bedeutet, was der Unterschied zum betrieblichen Rohertrag ist, was die Kennzahl »Aufschlag« aussagt usw. All diese Begriffe werden Sie im Laufe des Buchs noch kennenlernen.

Hinweis

Um die BWAs als Informationstool nutzen zu können, ist es wichtig, dass die Buchhaltung als zugrundeliegende Datenbasis so korrekt wie nur möglich geführt wird.[4]

4 Siehe Kapitel 3 »Wie Sie eine aussagekräftige BWA erstellen«.

Im Übrigen dienen BWAs nicht nur dazu, Ihnen Information zu liefern. Vielleicht haben Sie es selbst schon erlebt, auch externe Kapitalgeber wie Banken fordern nicht selten betriebswirtschaftliche Auswertungen an, um zusätzlich zum Jahresabschluss einen Eindruck über die Unternehmensentwicklung zu erhalten und Ihre Kreditwürdigkeit zu prüfen. Und auch das Finanzamt kann sich unter Umständen für Ihre Auswertungen interessieren, bspw. wenn Sie einen Nachweis erbringen möchten, dass die festgesetzten Einkommensteuervorauszahlungen zu hoch sind und infolgedessen einen Antrag auf Herabsetzung stellen.

2.2.2 Die BWA als Planungstool

Unternehmerische Vorhaben zu planen, kann manchmal schwierig sein, da die Entscheidungen meist weitreichende Konsequenzen haben. Gerade was Investitions- und Finanzierungsplanungen betrifft, ist es wichtig, einen Überblick über den Status quo und die aktuellen Zahlen zu Erfolg, Vermögen, Kapital und Liquidität zu haben. Ebenso wichtig ist es aber auch, die angestrebten Planungen auf deren Umsetzung hin zu überprüfen und über Soll-Ist-Vergleiche herauszufinden, ob die gesteckten Ziele auch erreicht werden konnten. Insofern ist es über solche Soll-Ist-Vergleiche also auch möglich, dass Sie in gewissem Umfang als Controller Ihres Unternehmens tätig werden.

Dazu müssen fundierte Planzahlen erstellt werden, damit die tatsächlichen Unternehmenszahlen den geplanten Zahlen gegenübergestellt werden können und die Zielerreichung überprüft werden kann. Analysen der vergangenen BWAs können die Planungen für die Zukunft dabei erleichtern.

2.2.3 Die BWA als Vergleichstool

Oftmals ist es ganz hilfreich, einen Vergleichswert zu den aktuellen Zahlen zu haben. Ist ein Umsatz von 400.000 EUR beispielsweise viel oder wenig? Sind Personalkosten in Höhe von 60.000 EUR bei einem Umsatz von 400.000 EUR hoch oder niedrig? Wie so oft im Leben könnte man sagen, es kommt drauf an. Zahlen müssen in Relation zu anderen Größen gesetzt werden, um sie richtig einzuordnen. Somit ist es unerlässlich, einen Vergleich zu haben. Interessant können dabei z. B. Vergleiche mit anderen Unternehmen derselben Branche sein. Wie hoch ist die Kennzahl »Aufschlag« durchschnittlich in Ihrer Branche? Wie hoch ist der Wareneinsatz im Vergleich zum Umsatz in der Regel?

Vorjahresvergleiche sind dabei optimal, um zu sehen, wie sich das Unternehmen im Vergleich zum Vorjahr/zu den Vorjahren entwickelt hat, und um gegebenenfalls frühzeitig einem Abdriften in die falsche Richtung entgegenzuwirken. Und auch Soll-Ist-Vergleiche sind, wie wir gerade festgestellt haben, sinnvolle Auswertungen, um herauszufinden, ob sich die geplanten Ziele auch in der Realität umsetzen lassen.

Beispielunternehmen Don Bardo

Johann Bardo sieht, wenn er die Auswertung betrachtet, dass er in den Monaten Januar bis Juni des Vorjahres ein wesentlich niedrigeres vorläufiges Ergebnis erzielt hat als in diesem Jahr. Er möchte natürlich wissen, was der Grund dafür ist. Nach diesem ersten Eindruck geht er also in der Erfolgsauswertung gezielt auf die Suche danach, wie diese Abweichung zustande kommt. Liegt es an höheren Umsätzen? Oder hat sich vielleicht eine bestimmte Kostenposition sehr stark vermindert? Vielleicht liegt es ja auch am Zusammenspiel aus Umsatzsteigerung und Kostensenkung? Punkt für Punkt überprüft er die einzelnen Positionen der Kostenstatistik I sowie deren Abweichungen gegenüber dem Vorjahr, um die Gründe für die Verbesserung der Unternehmenslage herauszufinden.

3 Wie Sie eine aussagekräftige BWA erstellen

Wie eingangs beschrieben, weichen die Zahlen des Jahresabschlusses oftmals von den unterjährigen Auswertungsergebnissen ab. Um die BWAs auch als Informations-, Planungs- und Vergleichstool nutzen zu können, sollte Folgendes beachtet werden.

3.1 Die Buchhaltung als Datenbasis der BWA

BWAs können immer nur so gut sein wie die zugrunde liegende Buchhaltung. Das wirft natürlich die Frage auf, was man unter einer »guten« BWA versteht. Es geht ganz einfach darum, dass die Auswertungen aussagekräftig und verlässlich sind. Ein Durcharbeiten des Zahlenwerks soll Ihnen einen fundierten Überblick über Ihre Unternehmenszahlen hinsichtlich verschiedener Fragen ermöglichen. Zum Beispiel: Welches Ergebnis kann ich am Jahresende erwarten? Wie ist es um die Liquidität bestellt? Wie ist das jetzige Ergebnis im Vergleich zu vergangenen Jahren einzuordnen? Und vieles mehr. Da BWAs aber Auswertungen sind, die aus dem Buchhaltungsprogramm generiert werden und sich insofern aus den eingegebenen Daten zusammensetzen, ist es für informative Auswertungen unabdingbar, dass die Buchhaltung sauber, korrekt und inklusive aller unterjähriger Buchhaltungsbesonderheiten erledigt wird.

Aber was ist eigentlich Buchhaltung genau? Welche Buchungen müssen jeden Monat im Buchhaltungsprogramm erfasst werden? Für viele Unternehmer geht es bei der Buchhaltung bloß darum, die ans Finanzamt zu entrichtende Umsatzsteuerzahllast bzw. das vom Finanzamt zu erstattende Vorsteuerguthaben zu ermitteln. Oft beschränkt sich deshalb die monatliche Buchhaltung auf das Verbuchen der monatlichen Eingangs- und Ausgangsrechnungen. Aber richtigerweise gehören einige Buchungen mehr zum monatlichen »To-do«. Denken Sie z. B. an die Verbuchung von Abschreibungen oder die Aufteilung von Zahlungen, die zwar nur einmalig erfolgen, aber wirtschaftlich das ganze Geschäftsjahr betreffen. Achten Sie bitte auch auf die rechtlichen Rahmenbedingungen.

3.1.1 Externes und internes Rechnungswesen

Die Buchhaltung oder Buchführung ist ein Teil des betrieblichen Rechnungswesens. Die Finanzbuchhaltung, wie sie Ihnen wahrscheinlich geläufig ist, wird auch als das »externe« Rechnungswesen bezeichnet. Daneben gibt es noch das sog. »interne« Rechnungswesen. Bei der Unterscheidung von »extern« und »intern« bezieht man sich auf den Adressatenkreis der Buchhaltung, also darauf, an wen sie sich richtet. Die externe Buchhaltung wendet sich nämlich vornehmlich an das Finanzamt, an Kapitalgeber, an die Öffentlichkeit und an Lieferanten. Wie Sie buchen müssen, ist in zahlreichen Vorschriften aus dem Handels- und Steuerrecht geregelt. Diese Vorschriften und die Absicht, die Außendarstellung des Unternehmens je nach Adressaten bestmöglich zu gestalten, führen nicht selten zu Unternehmensbildern und Auswertungen, die zwar regelkonform sind, aber nicht allumfassend der unternehmerischen Realität entsprechen. Dies ist z. B. der Fall, wenn der Gewinn zur Senkung der Steuerlast, etwa über die Wahl der günstigsten Abschreibungsmethode, möglichst gering gehalten werden soll. Bei der internen Buchhaltung, der Kosten- und Leistungsrechnung, sollen die betrieblichen Sachverhalte für interne Adressaten, also z. B. für die Geschäftsführung zur Kalkulation von Preisen, aufbereitet werden. Hier wird man realistischere Zahlen finden, da auch kalkulatorische Kosten eingebucht werden, die in der externen Finanzbuchhaltung nicht zu finden sind.

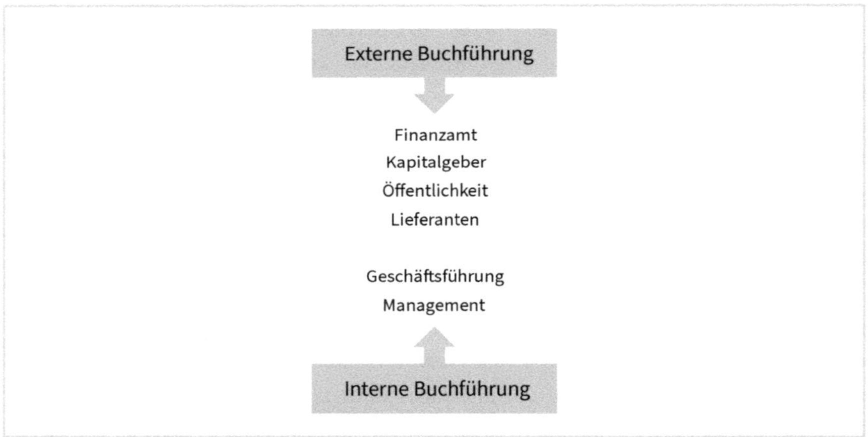

Abb. 1: Adressaten der Buchführung

Das mag jetzt vielleicht so klingen, als würden sich Auswertungen nur eignen, wenn sie auf Basis der internen Buchführung erstellt wurden. Für eine grundlegende Unternehmenseinschätzung sind jedoch ebenso die Auswertungen mit Daten der externen Finanzbuchhaltung aussagekräftig. Vor allem, da die Buchführung ja sowieso erledigt werden muss. Von daher eignen sich die Auswertungen, die auf der externen Finanzbuchhaltung basieren, sehr gut für eine erste Unternehmensanalyse, und zwar ohne dass man einen Zusatzaufwand hat.

Für einen noch realistischeren Blick auf das Unternehmen bietet es sich dann aber an, zusätzlich kalkulatorische Kosten miteinzubeziehen. Was kann man sich unter kalkulatorischen Kosten vorstellen? Ein Beispiel wäre der Unternehmerlohn eines Einzelunternehmers. Dieser lebt ja vom Gewinn, seine Entnahmen sind folglich kein Aufwand, die in der Finanzbuchhaltung im Bereich der Personalkosten zu verbuchen sind, sondern es geht um eine Verwendung des Gewinns – im Gegensatz zum Gehalt

z. B. eines GmbH-Geschäftsführers[5]. Trotzdem möchte der Einzelunternehmer aber auch seinen Unternehmerlohn miteinkalkulieren. Hierfür eignet sich die Verbuchung von kalkulatorischem Unternehmerlohn.

Ein Wort noch zu den Begrifflichkeiten: Genau genommen spricht man bei der externen Buchhaltung von Aufwendungen und Erträgen und bei der internen Buchhaltung von Kosten und Leistungen. Bei den betriebswirtschaftlichen Auswertungen »verschwimmen« diese Bezeichnungen jedoch, sodass z. B. die Kostenstatistik I den Begriff »Kosten« verwendet, obwohl die zugrunde liegenden Zahlen aus der Buchhaltung eigentlich Aufwand sind. Wundern Sie sich also nicht, dass die Verwendung der Begriffe im Kontext der BWAs nicht ganz trennscharf ist.

3.1.2 Vom Geschäftsvorfall zur BWA

Wie schon eingangs erwähnt, bildet die Buchhaltung das unternehmerische Leben ab. Aber was ist das unternehmerische Leben eigentlich genau? Was ist das Ziel des Unternehmens? Ja richtig, es geht im Grunde um Wertschöpfung. Produkte und Dienstleistungen werden erstellt oder es wird mit ihnen gehandelt. Daraus wird Umsatz generiert. Die dabei eingesetzten Rohstoffe, Waren, Arbeitsleistungen etc. sind die Betriebsaufwendungen des Unternehmens.

> **Beispielunternehmen Don Bardo**
>
> Was genau bildet die Buchführung von Johann Bardo eigentlich ab? Herr Bardo betreibt einen Handel mit Einrichtungs- und Dekorationsgegenständen. Er erzielt also Umsätze über deren Verkauf. Die Betriebsaufwendungen umfassen die Miete für sein Ladenlokal, die Gehälter der Angestellten, die Warenaufwendungen, aber auch z. B. die Kosten für sein betriebliches Fahrzeug, Werbeaufwendungen oder Zinsen für das betriebliche Darlehen.

Einfach zusammengefasst könnte man also sagen, für die Wertschöpfung fallen Geschäftsvorfälle im Unternehmen an. Der Verkauf von Waren gegen Barbezahlung oder auf Rechnung ist ein Geschäftsvorfall. Das Begleichen der Wareneingangsrechnung ist ebenso ein Geschäftsvorfall usw. Geschäftsvorfälle bilden folglich alle Vorgänge zahlenmäßig ab, die zum unternehmerischen Leben gehören. Diese lassen sich in Papierform oder elektronisch mit Belegen darstellen und werden dann über Buchungssätze (Grundsatz: Soll an Haben) in Buchungen mittels der Buchhaltungssoftware umgesetzt.

---

5 Das Gehalt des GmbH-Geschäftsführers wird als Personalaufwand in der Gewinn- und Verlustrechnung eines Unternehmens erfasst.

Abb. 2: Vom Geschäftsvorfall zur BWA

Alle Buchungen gesammelt finden Sie in der SuSa des Unternehmens. SuSa ist aber in diesem Zusammenhang kein Vorname. SuSa ist die Abkürzung für ein weiteres Zahlenwerk einer Buchhaltungssoftware, nämlich für die sog. **Su**mmen- und **Sa**ldenliste.

Die Summen- und Saldenliste ist die Zusammenfassung aller bebuchten Konten eines Unternehmens. Diese Konten werden dann in den betriebswirtschaftlichen Auswertungen, wie z. B. der Kostenstatistik I, zu den Posten der jeweiligen BWA zusammengefasst. Das heißt, die SuSa ist gewissermaßen die Übersicht darüber, was in Ihrem Unternehmen buchhalterisch alles los war. Diese Übersicht wird dann nach unterschiedlichen Gesichtspunkten aufbereitet. Wenn Sie beispielsweise nach Informationen zum Unternehmenserfolg suchen, dann werden die für die Erfolgslage relevanten Konten der SuSa zur Kostenstatistik I zusammengefasst. Bei Fragen zur Liquidität werden die Konten herausgegriffen, die Aussagen zur Zahlungsfähigkeit zulassen usw. Aber zurück zur SuSa.

Hinweis

Um die SuSa zu verstehen, ist es wichtig, dass Sie den Unterschied zwischen Bestands- und Erfolgskonten kennen. Bei Bestandskonten handelt es sich um Konten der Bilanz. Das können Aktivkonten (also Konten, die auf der Aktivseite der Bilanz stehen) oder Passivkonten (also Konten, die auf der Passivseite der Bilanz stehen) sein. Aktivkonten sind z. B. Anlagekonten wie Grundstücke, Gebäude, technische Anlagen und Maschinen usw. oder Konten des Umlaufvermögens, z. B. Forderungen aus Lieferungen und Leistungen, Bankkonto, Kasse u. v. m. Passivkonten sind Eigenkapital- und Fremdkapitalkonten, wie Verbindlichkeiten aus Lieferungen und Leistungen, Verbindlichkeiten gegenüber Kreditinstituten etc.

Erfolgskonten (Aufwands- und Ertragskonten) sind die Konten der Gewinn- und Verlustrechnung (GuV). Aufwendungen (z. B. Wareneinsatz, Personalaufwendungen, Werbeaufwendungen etc.) mindern den Gewinn, Erträge (z. B. Umsatzerlöse, Mieterträge usw.) erhöhen ihn.[6]

6 Ausführlich dazu siehe Kapitel 3.2 »Wie muss die Buchhaltung für eine aussagekräftige BWA aussehen?«.

Vielleicht vorweg noch kurz zur Bezeichnung »Summen- und Saldenliste«: Ausgangspunkt der SuSa sind die Buchungskonten (in diesem Buch zumeist nur kurz als »Konten« bezeichnet). Bei den Buchungskonten handelt es sich um sog. T-Konten, eben weil sie aussehen wie der Buchstabe »T«:

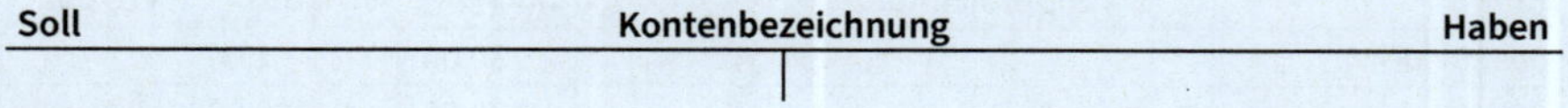

Soll	**Kontenbezeichnung**	**Haben**

Abb. 3: T-Konto

Wenn Sie Ihre Buchhaltung machen, wird jedes relevante Konto bebucht. Dabei weist jede Kontenseite (Soll und Haben) verschiedene Buchungen auf. Die Summe aller Buchungen pro Seite sind die Summen, die in die SuSa einfließen. Der Saldo ist das, was übrig bleibt, wenn die eine Kontenseite größer als die andere ist – also das, was nötig ist, um die beiden Seiten auszugleichen.

Im Folgenden sehen Sie den Auszug aus einer Summen- und Saldenliste unseres Beispielunternehmens Don Bardo:

Summen- und Saldenliste

Johann Bardo Don Bardo Einrichtung & Deko, Rebenstraße 1, 12345 Weinstadt

Konto	Kontobezeichnung	Letzte Buchung	Eröffnungsbilanzwerte	
			Aktiva	Passiva
00520	Pkw	30.06.	1,00	
00640	Ladeneinrichtung	30.06.	48.000,00	
00690	Sonstige Betriebs- und Geschäftsausstattung	30.06.	6.000,00	
Summe Anlagevermögen			54.001,00	
01140	Waren	30.06.	9.750,00	
01200	Forderungen aus Lieferungen und Leistungen	30.06.	4.916,00	
01406	Abziehbare Vorsteuer 19 %	30.06.		
01600	Kasse	30.06.	2.860,00	
01700	Bank (Postbank)	30.06.	11.552,00	
01800	Bank	30.06.	24.201,00	
01900	Aktive Rechnungsabgrenzung	30.06.		
Summe Umlaufvermögen			**53.279,00**	
02010	Variables Kapital	01.01.		51.258,80
02100	Privatentnahmen allgemein	30.06.		
02130	Unentgeltliche Wertabgaben	30.06.		
02180	Privateinlagen	30.06.		
Summe Eigenkapitalkonten				**51.258,80**
03035	Gewerbesteuerrückstellung, § 4 Abs. 5b EStG	30.06.		
03160	Verbindlichkeiten geg. Kreditinstituten Restlaufzeit 1 bis 5 Jahre	30.06.		31.000,00
03300	Verbindlichkeiten aus Lieferungen und Leistungen	30.06.		9.200,70
03564	Darlehen – Restlaufzeit 1 bis 5 Jahre	30.06.		
03720	Verbindlichkeiten aus Lohn und Gehalt	01.01.		2.339,30
03730	Verbindlichkeiten aus Lohn- u. Kirchensteuer	30.06.		472,30
03740	Verbindlichkeiten soziale Sicherheit	30.06.		602,90
03806	Umsatzsteuer 19 %	30.06.		
03841	USt Vorjahr	01.01.		2.876,00
Summe Fremdkapitalkonten				**46.491,20**
04400	Erlöse 19 % USt	30.06.		
04639	Verwendung von Gegenständen (Kfz) ohne USt	30.06.		
04645	Verwendung von Gegenständen (Kfz) 19 % USt	30.06.		
04736	Gewährte Skonti 19 % USt	30.06.		
04790	Gewährte Rabatte 19 % USt	30.06.		
04845	Erlöse Sachanlageverkäufe 19 % USt	01.01.		
04855	Abgänge Sachanlagen Restbuchwert	01.01.		
04970	Versicherungsentschädigungen und Schadensersatzleistungen	30.06.		
Summe Betriebliche Erträge				
…			…	…

Sachkonten Juni (Auszug)

in €

Summe für Juni		Summe per 30.06.		Saldo per 30.06.	
Soll	Haben	Soll	Haben	Soll	Haben
	583,00	42.016,81	3.501,00	38.516,81	
	667,00		4.000,00	44.000,00	
	500,00		3.000,00	3.000,00	
	1.750,00	**42.016,81**	**10.501,00**	**85.516,81**	
10.000,00	1.500,00	11.500,00	1.500,00	19.750,00	
49.020,32	28.150,29	202.765,74	67.370,29	140.311,45	
8.258,36	94,81	45.753,41	493,97	45.259,44	
9.456,30	2.468,00	124.456,30	126.111,00	1.205,30	
160,00	2.743,00	11.480,00	13.600,00	9.432,00	
28.200,00	30.800,86	171.700,00	195.762,55	138,45	
	335,00	4.020,00	2.010,00	2.010,00	
105.094,98	**66.091,96**	**571.675,45**	**406.847,81**	**218.106,64**	
					51.258,80
1.071,40		8.868,90		8.868,90	
576,00		3.456,00		3.456,00	
	384,00		384,00		384,00
1.647,40	**384,00**	**12.324,90**	**384,00**	**12.324,90**	**51.642,80**
	75,00		450,00		450,00
750,00		4.500,00			26.500,00
19.043,81	44.162,42	138.063,81	206.722,65		77.859,54
833,00		4.998,00	50.000,00		45.002,00
					2.339,30
	951,96	5.711,76			6.184,06
	1.206,50	7.239,00			7.841,90
183,66	9.438,15	534,92	53.653,13		53.118,21
					2.876,00
20.810,47	**55.834,03**	**148.096,73**	**323.776,54**		**222.171,01**
	49.274,47		275.783,23		275.783,23
	100,00		600,00		600,00
	400,00		2.400,00		2.400,00
546,46		2.395,20		2.395,20	
420,17		420,17		420,17	
			4.201,68		4.201,68
		1,00		1,00	
	200,00		1.200,00		1.200,00
966,63	**49.974,47**	**2.816,37**	**284.184,91**	**2.816,37**	**284.184,91**
…	…	…	…	…	…

Betrachten wir zunächst die Gliederung der Zeilen der SuSa. Sinn und Zweck der Summen- und Saldenliste ist es, in einer Auswertung gesammelt alle bebuchten Konten sichtbar zu machen. Insofern braucht man natürlich ein Gliederungsschema, damit man das gesuchte Konto schnell findet.

Wie die Zeilen in der SuSa angeordnet werden, richtet sich nach den sogenannten Kontenklassen. Ferner werden nur Buchungskonten, die im jeweiligen Unternehmen auch Verwendung finden, in der SuSa gezeigt.

Exkurs: Der Kontenrahmen mit den Kontenklassen und der Kontenplan

Vielleicht haben Sie sich bei der täglichen Buchhaltungsarbeit schon einmal gefragt, worin eigentlich der Unterschied zwischen dem Kontenrahmen und dem Kontenplan besteht. Der Kontenrahmen ist das Verzeichnis aller Buchhaltungs- und Jahresabschlusskonten mit deren Kontennummern, wobei der Aufbau der Kontennummern einer bestimmten Gliederung folgt. Die Konto-Nummer besteht aus

- einer Ziffer für die Kontenklasse,
- einer Ziffer für die Kontengruppe,
- einer Ziffer für die Kontenart und
- einer Ziffer für die Kontenunterart.

Bleiben wir zur Erläuterung bei dem in diesem Buch verwendeten Kontenrahmen SKR 04[7]:

Innerhalb des Kontenrahmens gibt es zehn verschiedene Kontenklassen, die organisatorisch zusammengehören. Zusätzlich gibt es auch noch Personenkonten im Debitoren- und Kreditorenbereich. Debitorenkonten sind Konten für die Kunden Ihres Unternehmens. Dabei hat jeder Kunde ein eigenes Buchungskonto, auf dem die Rechnungen an den Kunden und dessen Zahlungen für Rechnungen erfasst werden. Kreditorenkonten sind die Konten für Ihre Lieferanten. Auch hier erhält in der Regel jeder Lieferant ein eigenes Buchungskonto, auf dem die von ihm an Sie gestellten Rechnungen sowie Ihre Zahlungen an den Lieferanten erfasst werden.

7 SKR ist die Abkürzung für Standardkontenrahmen.

Liegt kein Personenkonto vor, erfolgt die Zuordnung des Kontos zu einer der folgenden Klassen:

Kontenklassen SKR 04*	
Kontenklasse 0	Anlagevermögen
Kontenklasse 1	Umlaufvermögen
Kontenklasse 2	Eigenkapital/Fremdkapital
Kontenklasse 3	Fremdkapital
Kontenklasse 4	Betriebliche Erträge
Kontenklasse 5	Betriebliche Aufwendungen (Waren/Fremdleistungen)
Kontenklasse 6	Betriebliche Aufwendungen (sonstige)
Kontenklasse 7	Weitere Erträge und Aufwendungen
Kontenklasse 8	Zur freien Verfügung
Kontenklasse 9	Vortrags-, Kapital-, Korrektur- und statistische Konten
* Auszug aus dem SKR 04 von DATEV	

Sie sehen, die Gliederung entspricht den Gliederungen von Bilanz (Anlagevermögen, Umlaufvermögen, Eigenkapital und Fremdkapital) und Gewinn- und Verlustrechnung (Aufwendungen und Erträge). Zusätzlich sind noch Kontenklassen für weitere freie Konten bzw. diverse Sonderkonten der Kontenklasse 9 aufgeführt.

Neben dem SKR 04 gibt es noch weiter Kontenrahmen, welche die Konten nach unterschiedlichen Ordnungsprinzipien gliedern. Die Standardkontenrahmen der DATEV, SKR 04 und SKR 03 sind die bekanntesten, wobei heutzutage standardmäßig der oben dargestellte SKR 04 verwendet wird. Es kann aber auch sein, dass Sie in Ihrem Unternehmen den SKR 03 oder vielleicht einen branchentypischen Kontenrahmen, wie z. B. den SKR 14 für die land- und forstwirtschaftlichen Betriebe, nutzen.

Aber was ist der Unterschied zwischen diesen Kontenrahmen und welcher bietet sich für Ihr Unternehmen an? Die Standardkontenrahmen SKR 03 und SKR 04 sind nicht branchenabhängig, unterscheiden sich aber in ihrem Aufbau. Der SKR 03 folgt dem Prozessgliederungsprinzip, der SKR 04 dagegen ist nach dem Abschlussgliederungsprinzip aufgebaut. Während beim SKR 03 der Aufbau den Geschäftsprozessen nachempfunden ist, wird der SKR 04 nach dem Gliederungsprinzip des Jahresabschlusses strukturiert. Welcher Kontenrahmen also die Grundlage für Ihre Buchhaltung sein soll, hängt von Ihrer Branche, der bisherigen Buchungspraxis und der Vorliebe für einen bestimmten Kontenrahmen ab.

Wie wird nun aus dem vorgegebenen Kontenrahmen ein Kontenplan? Der Kontenplan ist die individuelle Auswahl der Konten des Kontenrahmens gemäß den Bedürfnissen des jeweiligen Unternehmens. Die Konten, die in einem Unternehmen nicht benötigt werden, bleiben außen vor. Übernehmen Sie also nur diejenigen Buchungskonten, die Sie in Ihrem Unternehmen benötigen.

Hinweis

Sowohl in der Kostenstatistik I (erweiterte BWA) als auch in der einfachen BWA von Lexware werden die Buchungskonten fünfstellig mit einer führenden Null vor der Kontennummer angegeben.

Zur Erinnerung: Der Zeilenaufbau der SuSa richtet sich nach den Kontenklassen. Die Spalten der SuSa sind ebenso wie die Zeilen nach einem bestimmten System aufgebaut:

- Spalte »Konto«: In der ersten Spalte finden Sie die Kontennummern (je nach verwendetem zugrundeliegendem Kontenrahmen).
- Spalte »Kontobezeichnung«: Dort finden Sie die Kontenbezeichnungen der Kontennummern.
- Spalte »Letzte Buchung«: Hier steht das Datum, an dem das jeweilige Konto zuletzt bebucht wurde.
- Spalte »Eröffnungsbilanzwerte Aktiva«: In dieser Spalte sind die Eröffnungsbilanzwerte (EB-Werte) eingetragen, wenn sie auf der Aktivseite des Kontos stehen.
- Spalte »Eröffnungsbilanzwerte Passiva«: Dort finden Sie die Eröffnungsbilanzwerte (EB-Werte), wenn sie auf der Passivseite des Kontos stehen.

Achtung

Eröffnungsbilanzwerte kann es nur bei Bestandskonten geben, also bei den Konten, die zur Bilanz gehören, wie Anlagevermögen, Umlaufvermögen und Kapitalkonten. Aktivkonten (Anlagevermögen und Umlaufvermögen) weisen den EB-Wert im Normalfall auf der Aktivseite aus. Passivkonten (Eigenkapital und Fremdkapital) dagegen haben in der Regel ihren EB-Wert auf der Passivseite.

Aufwands- und Ertragskonten (z. B. Umsatzerlöse, Lohnaufwendungen, Mietaufwendungen etc.) sind Konten der Gewinn- und Verlustrechnung und haben keinen EB-Wert.

- Spalte »Summe Auswertungszeitraum Soll«: Hier stehen die Summe der Buchungen, die auf die Sollseite der jeweiligen Konten im ausgewählten Auswertungszeitraum gebucht wurden.
- Spalte »Summe Auswertungszeitraum Haben«: In dieser Spalte finden Sie die Summe der Buchungen, die auf die Habenseiten der jeweiligen Konten im ausgewählten Auswertungszeitraum gebucht wurden.

- Spalte »Summe per … kumuliert Soll«: Hier stehen die kumulierten Sollbuchungen der Konten aus dem gesamten bisherigen Geschäftsjahr.
- Spalte »Summe per… kumuliert Haben«: Hier stehen die kumulierten Habenbuchungen der Konten aus dem gesamten bisherigen Geschäftsjahr.
- Spalte »Saldo Soll«: In dieser Spalte ist der Saldo des jeweiligen Kontos aufgeführt, wenn er im Soll steht.
- Spalte »Saldo Haben«: Dort finden Sie den Saldo des jeweiligen Kontos, wenn dieser im Haben steht.

Wie kann nun die SuSa hilfreich bei der Analyse von betriebswirtschaftlichen Auswertungen sein? Die Summen- und Saldenliste ist gewissermaßen das Rohgerüst der betriebswirtschaftlichen Auswertungen dar. Die Daten der SuSa werden komprimiert und zusammengefasst in die BWA übernommen. Das bedeutet andersherum, dass die Summen- und Saldenliste dazu dient, die Werte der betriebswirtschaftlichen Auswertungen näher zu bestimmen.

Interessieren Sie sich z. B. dafür, welche Werte genau zu den in der Erfolgsauswertung ausgewiesenen Personalkosten führen, werfen Sie einen Blick in die SuSa, und zwar in die Kategorie »Betriebliche Aufwendungen«. Da der nummerische Aufbau an den Kontenrahmen angelehnten ist, lassen sich die jeweiligen Konten schnell finden und die Zusammensetzung der Positionen der BWA leicht bestimmen.

Hinweis

Die SuSa hat durchaus ihre Daseinsberechtigung, wenn es darum geht, die Zusammensetzung der BWA-Positionen zu erläutern. Einige Auswertungen bieten aber beispielsweise die Möglichkeit, die Werte der BWA-Positionen plus die Buchungskonten auszugeben. So ist es etwa bei der Kostenstatistik I grundsätzlich möglich, die Auswertung auch gleich zusammen mit dem Kontennachweis (bei DATEV: Wertenachweis) anzuzeigen.

3.2 Wie muss die Buchhaltung für aussagekräftige Auswertungen aussehen?

Sehen wir uns zum Einstieg in dieses Kapitel zunächst Johann Bardos Situation an:

Beispielunternehmen Don Bardo

Johann Bardo erhält von seinem Steuerberater den Jahresabschluss für das vorige Geschäftsjahr. Als er sich den Jahresüberschuss ansieht, durchfährt ihn ein kleiner Schreck. Das Ergebnis ergibt für ihn keinen Sinn. Das Geschäftsjahr ist doch gefühltermaßen besser gelaufen und das Ergebnis in der Gewinn- und Verlustrechnung seines Jahresabschlusses hätte doch eigentlich viel höher sein müssen. Als er seine Buchhaltungsunterlagen für den Dezember zurückerhalten hatte, sah er sich bereits das vorläufige kumulierte Ergebnis der Kostenstatistik I für das Geschäftsjahr von Januar bis Dezember an. Die Kostenstatistik I – das war ihm klar – weist ja nicht nur die Daten und Zahlen pro Monat, sondern auch summiert für das gesamte Geschäftsjahr aus. Daher war er davon ausgegangen, dass der dort als vorläufiges Ergebnis angegebene Gewinn im Großen und Ganzen dem tatsächlichen Jahresüberschuss hätte entsprechen müssen. Nun fällt der Jahresüberschuss laut Jahresabschluss aber geringer aus. Wie kann das sein?

So wie es unserem Beispielunternehmer Johann Bardo geht, geht es vielen Unternehmern. Die monatlichen Erfolgsauswertungen beinhalten meist auch die aufsummierten Zahlen des bisherigen Geschäftsjahres. Viele, die die Auswertung lesen, prüfen am Ende des Jahres, also zusammen mit der Dezember-Buchhaltung, schnell noch das vorläufige Ergebnis des bisherigen Jahres und ruck zuck ist eine Einschätzung der Geschäftslage gemacht.

Aber Vorsicht! Betriebswirtschaftliche Auswertungen können nur so gut sein wie die zugrundeliegende Datenbasis – sprich, je genauer die unterjährige Buchhaltung geführt wird, desto genauer und aussagekräftiger sind die zugehörigen Auswertungen.

Leider aber wird die Buchhaltung – wie oben bereits erwähnt – oftmals als lästiges Übel gesehen, das so schnell wie möglich und mit so geringem Aufwand wie nötig für die Erstellung der Umsatzsteuer-Voranmeldungen erledigt wird. Die zu erfassenden Belege werden eingegeben, während man beispielsweise Abschreibungsbeträge dann bereits vergeblich sucht. Kein Wunder also, wenn infolgedessen der jeweilige Jahresabschluss massiv von den Erwartungen, die aufgrund der unterjährig erstellten Auswertungen entstanden sind, abweicht.

Damit die Werte auch zur Einschätzung der Unternehmenslage verwendbar sind, muss beim Erstellen der Buchhaltung nämlich einiges mehr beachtet werden, als lediglich die Belege zu erfassen. Was genau dabei zu tun ist und wie die Buchhaltung in Ihrem Unternehmen strukturiert ist, hängt im Wesentlichen davon ab, welche Gewinnermittlungsmethode Sie verwenden (müssen).[8]

8 In diesem Buch wird von der Gewinnermittlungsart Bilanzierung ausgegangen.

Exkurs: Gewinnermittlung nach § 4 Abs. 3 EStG oder Bilanzierung

Wofür ermitteln Sie eigentlich Ihren Gewinn? Natürlich, zum einen zu Ihrer eigenen Information. Zum anderen hat aber bekannterweise auch das Finanzamt ein Interesse daran, wie Ihre Geschäfte laufen: Damit Ihre Einkommensteuer festgesetzt werden kann, müssen Sie also Ihren Gewinn ermitteln, der dann besteuert wird.

Das Einkommensteuerrecht kennt insgesamt sieben verschiedene Einkunftsarten, die zu einer Besteuerung führen. Einkünfte der Angestellten heißen bspw. Einkünfte aus nicht selbstständiger Arbeit, die Einkünfte Ihres Vermieters nennt man Einkünfte aus Vermietung und Verpachtung usw. Es gibt gewissermaßen sieben »Schubladen«, in die alle steuerbaren Einkünfte eingeordnet werden können:

Gewinneinkunftsarten	Überschusseinkunftsarten
Einkünfte aus Land- und Forstwirtschaft	Einkünfte aus nicht selbstständiger Arbeit
Einkünfte aus Gewerbebetrieb	Einkünfte aus Kapitalvermögen
Einkünfte aus selbstständiger Arbeit	Einkünfte aus Vermietung und Verpachtung
	Sonstige Einkünfte

Wie die Tabelle zeigt, unterscheidet man zwischen den Gewinneinkunftsarten, bei denen man den Gewinn ermittelt und besteuert, und den Überschusseinkunftsarten, bei denen der Überschuss der Einnahmen über die Werbungskosten besteuert wird.

Es gibt verschiedene Vorgehensweisen, wie der Gewinn berechnet werden kann. Lässt man besondere Gewinnermittlungsarten, wie diejenigen für Handelsschiffe und für Land- und Forstwirte außen vor, gibt es im Wesentlichen zwei Gewinnermittlungsarten: die Bilanzierung und die Einnahmenüberschussrechnung. Vielleicht kennen Sie die Einnahmenüberschussrechnung auch als sog. 4/3-Rechnung. Dieser Name kommt von der Gesetzesstelle im Einkommensteuergesetz (§ 4 Abs. 3 EStG), in der diese Gewinnermittlungsart zu finden ist.

Wer welche Gewinnermittlungsart anwenden muss/darf, ist gesetzlich geregelt. Es empfiehlt sich, zusammen mit einem Steuerberater zu klären, welche Gewinnermittlungsart gewählt werden muss.

Unser Protagonist Johann Bardo beispielsweise ermittelt als Gewerbetreibender seinen Gewinn mithilfe der Bilanzierung. Sein Steuerberater stellt am Ende des Wirtschaftsjahres eine Bilanz und eine Gewinn- und Verlustrechnung auf Basis der monatlichen Buchhaltungen auf.

Was aber ist eigentlich der Unterschied zwischen Bilanzierung und Einnahmenüberschussrechnung? Die Einnahmenüberschussrechnung wird gemeinhin als die »einfachere« Art der Gewinnermittlung betitelt. Einfach deshalb, weil der Gewinn streng (bis auf einige wenige Ausnahmen) nach dem Zu- und Abflussprinzip der Einnahmen und Ausgaben berechnet wird. Sobald also eine Einnahme zufließt, auf dem Konto gutgeschrieben oder bar eingenommen wird, ist die Einnahme auch gewinnwirksam zu erfassen, sobald eine Ausgabe tatsächlich getätigt wird, also vom Konto oder aus der Kasse abfließt, ist die Ausgabe gewinnmindernd anzusetzen. Der Gewinn ist folglich das, was übrig bleibt, wenn man die Einnahmen und Ausgaben miteinander verrechnet. Ermittelt wird der Gewinn also als die Differenz von Betriebseinnahmen und Betriebsausgaben.

Die Bilanzierung geht über diese einfache Gewinnermittlung deutlich hinaus, denn eine Bilanz beinhaltet das Verzeichnis der Vermögens- und Kapitalposten des Unternehmens. Daneben wird noch eine Gewinn- und Verlustrechnung – kurz GuV – geführt, welche die Aufwendungen und Erträge, also alles, was das Eigenkapital des Unternehmens verändert, gegenüberstellt.

Ein Bestandsverzeichnis über Vermögen und Kapital ist hingegen kein Teil der Einnahmenüberschussrechnung. Einer Einnahmenüberschussrechnung können Sie also keine Informationen über das Vermögen und die Schulden eines Unternehmens entnehmen.

Sehen wir uns einmal näher an, wie eine Bilanz aufgebaut ist

Aktiva	**Bilanz**	**Passiva**
Anlagevermögen Umlaufvermögen	Eigenkapital Fremdkapital	
Bilanzsumme	**Bilanzsumme**	

Kurz zusammengefasst finden sich auf der linken Bilanzseite, also bei den Aktiva, alle Vermögenspositionen des Unternehmens. Das kann, wie bereits beschrieben, Vermögen sein, das langfristig im Unternehmen gebraucht wird – das Anlagevermögen wie Maschinen, Firmenfahrzeuge etc. Oder es kann auch Vermögen sein, das schneller umgeschlagen wird, das sog. Umlaufvermögen, wie Bankguthaben, Forderungen aus Lieferungen und Leistungen usw. Die Passivseite der Bilanz zeigt das Kapital des Unternehmens. Dabei wird unterschieden, woher das Kapital stammt. Es kann sich um Eigenkapital des Unternehmens handeln, aber auch um Kapital von Fremdkapitalgebern, das bspw. in Form von Darlehen gegeben wurde.

Der Begriff »Bilanz« leitet sich vom italienischen Wort *la bilancia* ab und heißt übersetzt Waage. Dieser Begriff zeigt bereits, was der Grundsatz einer Bilanz ist: Sie muss ausgewogen sein. Das bedeutet, dass die Mittelverwendung für Vermögen der Mittelherkunft aus eigenen oder fremden Mitteln entsprechen muss. Die Bilanzsummen auf der linken und rechten Seite der Bilanz müssen folglich gleich hoch sein. Damit Sie für die Veränderung der Bestände der einzelnen Bilanzposten nicht jedes Mal eine neue Bilanz aufstellen müssen, wird für jede Bilanzposition in der Buchhaltung ein eigenes Konto eröffnet, auf dem dann die Veränderungen des Bilanzpostens gebucht werden. Alle das Eigenkapital betreffenden Geschäftsvorfälle, Aufwendungen und Erträge werden separat auf Erfolgskonten gebucht und dann gesammelt über das GuV-Konto dem Eigenkapital gutgeschrieben.

An dieser Stelle nochmals eine kleine Übersicht (Soll = linke Kontenseite, Haben = rechte Kontenseite):

Soll	**Konto**	**Haben**

Ein Hinweis: Bei Aktivkonten werden Mehrungen im Soll und Minderungen im Haben gebucht. Bei Passivkonten ist es umgekehrt. Sie werden im Haben »mehr« und im Soll »weniger«. Bei den Aufwendungen (Erfolgskonto) werden Mehrungen im Soll erfasst, bei Erträgen hingegen im Haben.

Sie werden sich jetzt vielleicht fragen: »Ja, gut und schön, aber wie ermittelt man dann den Gewinn, wenn in der Bilanz nur Bestände an Vermögen und Kapital aufgeführt sind?« Dies geht zwar auch über die Bilanz, indem Sie vereinfacht gesagt das Eigenkapital zu Beginn des Wirtschaftsjahres mit dem Eigenkapital zum Ende des Wirtschaftsjahres vergleichen, aber im Grunde wird der Gewinn über die zur Bilanz gehörenden Gewinn- und Verlustrechnung ermittelt.

Die Bilanz zeigt also am Ende eines Geschäftsjahres die Bestände der Bilanzposten an, während die GuV die Erträge und Aufwendungen einer Periode umfasst und als Ergebnis den Jahresüberschuss bzw. den Jahresfehlbetrag eines Wirtschaftsjahres ausweist. Dieser Jahresüberschuss bzw. Jahresfehlbetrag geht anschließend über das Gewinn- und Verlustkonto auch in die Bilanz ein, da der Gewinn das Eigenkapital der Bilanz erhöht, während ein Verlust das Eigenkapital mindert.

Soll	Gewinn-und-Verlust-Rechnung Haben
Aufwendungen	Erträge
Jahresüberschuss	
Summe	Summe

Soll	Eigenkapital Haben
Minderungen	Mehrungen
	Jahresüberschuss
Summe	Summe

Damit Sie Ihre Buchhaltung richtig führen, ist es also wichtig, dass Sie die Grundsätze kennen, die der Gewinnermittlungsart Ihres Unternehmens zugrunde liegen. Die Einnahmenüberschussrechnung unterscheidet sich in den Buchungsprinzipien dabei fundamental von der Bilanzierung.

Ein wichtiges Prinzip, das bei der Bilanzierung und der zugehörigen Buchhaltung beachtet werden muss, ist das Prinzip der wirtschaftlichen Zugehörigkeit gem. § 252 Abs. 1 Nr. 5 HGB. Dieses besagt, dass bei der Bilanzierung eben nicht, wie bei der Einnahmenüberschussrechnung, der Zahlungsfluss das entscheidende Kriterium für die Gewinnwirksamkeit ist. Es geht nämlich bei der Bilanzierung darum, auf welchen Zeitraum die wirtschaftliche Zugehörigkeit des jeweiligen Aufwands oder Ertrags fällt. Lassen Sie uns das anhand eines Beispiels verdeutlichen:

Beispielunternehmen Don Bardo

Johann Bardo ist bilanzierungspflichtig und erfasst also seine Aufwendungen und Erträge nach wirtschaftlicher Zugehörigkeit. Seine Frau Josefina ist Tierärztin und darf eine einfache Einnahmenüberschussrechnung für ihre Gewinnermittlung verwenden.

Wie sieht nun der Unterschied dieser Gewinnermittlungsarten in der Praxis aus?

Johann Bardo hat Wartungsarbeiten an seiner Computeranlage durchführen lassen. Der Spezialist dafür war im Dezember 2022 tätig, hat die zugehörige Rechnung jedoch erst im Januar 2023 übersendet. Herr Bardo hat diese Rechnung auch erst im Januar 2023 bezahlt. Aufgrund des Prinzips der wirtschaftlichen Zugehörigkeit gehört dieser Wartungsaufwand bei Herrn Bardo, weil er Bilanzierer ist, wirtschaftlich in das Jahr 2022 und wird im Jahr 2022 gewinnmindernd erfasst.

Der Computerspezialist war im Dezember 2022 anschließend auch in der Tierarztpraxis von Josefina Bardo und hat dort ebenfalls Wartungsarbeiten durchgeführt. Auch Josefina Bardo hat die Rechnung dafür erst im Januar 2023 erhalten und überwiesen. Da Frau Bardo als Tierärztin die Einnahmenüberschussrechnung als Gewinnermittlungsart verwenden darf, wird die Rechnung für die Wartungsarbeiten erst zum Zeitpunkt des Geldabflusses gewinnmindernd wirksam – folglich im Jahr 2023.

Hinweis

Ein etwas heikler und oftmals schwer zu verstehender Punkt in den betriebswirtschaftlichen Auswertungen ist die Behandlung der Umsatzsteuer. Diese Behandlung hängt davon ab, welche Gewinnermittlungsart verwendet wird. Zunächst einmal ist es wichtig, den Unterschied zwischen Umsatzsteuer und Vorsteuer zu kennen.

Umsatzsteuer ist der Begriff, der für Ausgangsleistungen verwendet wird, während die Vorsteuer die Umsatzsteuer aus den Eingangsrechnungen ist. Je nach Gewinnermittlungsart wird die Umsatzsteuer/Vorsteuer unterschiedlich in den Auswertungen behandelt. Bei der Bilanzierung ist die Umsatzsteuer eine Verbindlichkeit, während die Vorsteuer eine Forderung ist (es handelt sich ja bei der Umsatzsteuer um eine Verbindlichkeit und bei der Vorsteuer um eine Forderung gegenüber dem Finanzamt). Bei Einnahmenüberschussrechnern wird die Umsatzsteuer und Vorsteuer dagegen als Betriebseinnahme bzw. Betriebsausgabe erfasst. In den Einstellungen zu den betriebswirtschaftlichen Auswertungen muss unbedingt die richtige Gewinnermittlungsart hinterlegt sein, da sonst die Auswirkung von Umsatzsteuer und Vorsteuer nicht zutreffend gezeigt wird.

Kommen wir zurück zu den Anforderungen an die Buchhaltung. Gehen wir nun gemeinsam einige weitere Aspekte durch, die für eine fundierte Buchhaltung – als Basis von aussagekräftigen betriebswirtschaftlichen Auswertungen – nötig sind. Wenn Sie alle folgenden Hinweise und Themen in Ihrer monatlichen Buchhaltung beachten, ist das schon eine exzellente Grundlage für aufschlussreiche betriebswirtschaftliche Auswertungen.

3.2.1 Abschreibungen

Werfen Sie einmal – falls Sie sie gerade zur Hand haben – einen Blick auf Ihre Erfolgsauswertung (Kostenstatistik I bzw. kurzfristige Erfolgsrechnung). Finden Sie bei den Abschreibungen ausgewiesene Beträge? Oder herrscht dort vielleicht nur gähnende Leere? Falls Sie dort keine Werte finden, könnte dies aus dem eher unwahrscheinlichen Grund sein, dass Sie in Ihrem Unternehmen kein Anlagevermögen haben. Besitzt Ihr Unternehmen also keine Maschinen, keine technischen Anlagen, keine Büroeinrichtung oder keinen Computer, kann eine leere Zeile im Bereich der Abschreibungen durchaus ihre Richtigkeit haben. Der wahrscheinlichere Fall ist allerdings, dass in Ihrer laufenden Buchhaltung keine Abschreibungsbeträge erfasst werden, sondern dies im Zuge der Jahresabschlusserstellung erledigt wird.

Bei den Abschreibungen handelt es sich im Regelfall um den Werteverzehr von Gegenständen des Anlagevermögens. Das heißt, die Anschaffungs- bzw. Herstellungskosten werden sowohl bei der Bilanzierung als auch als bei der Einnahmenüberschussrechnung (das ist eine Ausnahme vom Zu- und Abflussprinzip der Einnahmenüberschussrechnung) nicht sofort gewinnmindernd als Aufwand wirksam, sondern die Anschaffungs- bzw. Herstellungskosten werden über die Nutzungsdauern der Güter verteilt und nur in Höhe dieser Teilbeträge jeweils gewinnmindernd erfasst. Kaufen Sie also eine Maschine für 10.000,00 EUR, dann mindern diese 10.000,00 EUR nicht sofort Ihren steuerlichen Gewinn. Die 10.000,00 EUR sind über die Nutzungsdauer der Maschine zu verteilen und mindern dann nur anteilig die Gewinne der jeweiligen Wirtschaftsjahre. Dafür gibt es verschiedene Abschreibungsmethoden.

Bei der monatlichen Buchhaltung wird das Erfassen der Abschreibungen meist sehr stiefmütterlich behandelt. Manchmal findet man auf den Auswertungen zumindest noch den Hinweis, dass das Ergebnis als vorläufig zu betrachten ist, da die Verbuchung der Abschreibungen fehlt und erst im Zuge des Jahresabschlusses erledigt wird. Manchmal erkennt man aber erst nach genauer Durchsicht der Unterlagen, dass der gesamte Posten Abschreibungen nicht ins vorläufige Ergebnis eingegangen ist und stattdessen wohl erst im Rahmen der Abschlusserstellung die Abschreibungen verbucht werden.

Keine Sorge, die Abschreibungen gehen als Aufwand deshalb nicht verloren. Sie werden in der Praxis eben – wie bereits erwähnt – oft nur einmal jährlich im Zuge des Erstellens des Jahresabschlusses erfasst. Für aussagekräftige unterjährige Auswertungen ist dies aber fatal! Stellen Sie sich vor, Ihr Unternehmen hat sehr viele Anlagegüter und somit ein hohes Abschreibungspotenzial. Unterjährig erscheint Ihr Gewinn dann jeden Monat zu hoch, Sie wiegen sich in der Sicherheit eines hohen Gewinns, denken sogar über evtl. gewinn- und steuersenkende Maßnahmen nach und dann kommt am Jahresende das böse Erwachen, da der tatsächliche Gewinn weit unter Ihren Erwartungen liegt.

Hinweis

Unterscheiden Sie beim Thema Abschreibungen zwischen den kalkulatorischen Abschreibungen, die den tatsächlichen Werteverzehr widerspiegeln und deren Berechnungsgrundlage die Wiederbeschaffungskosten sind[9], und der Verbuchung von unterjährigen gesetzlich vorgegebenen, sog. bilanziellen, Abschreibungen. Das Bundesfinanzministerium gibt mit den amtlichen AfA[10]-Tabellen Anhaltspunkte für die Nutzungsdauern von Anlagegütern zur Berechnung der bilanziellen Abschreibung heraus, während bei den kalkulatorischen Abschreibungen die tatsächliche Nutzungsdauer zugrunde gelegt wird. Die kalkulatorischen Abschreibungen könnte man daher flapsig als »echte Abschreibungen« bezeichnen, während die bilanziellen Abschreibungen aufgrund der gesetzlichen Vorgaben eher standardisiert ohne direkten Bezug zur Unternehmensrealität berechnet werden.

Die gängigen Buchhaltungsprogramme bieten Lösungen zur Abschreibungsverbuchung an. Zum Beispiel können bei Haufe Lexware Abschreibungen durch das Programm errechnet werden. Unter Verwaltung/Abschreibungen können Sie Ihre Anlagegüter und alle zur Abschreibungsberechnung notwendigen Daten erfassen. Der Abschreibungsrechner weist die jährlichen Abschreibungen aus. Diese können Sie dann anteilig für Ihren Buchungszeitraum, bspw. den Buchungsmonat, erfassen. Sollten Sie in Ihrer Buchhaltungssoftware hierzu keine Möglichkeit finden, können Sie aber auch, um zumindest einen groben Wert für die monatliche Abschreibung berücksichtigen zu können, die Vorjahreswerte der Abschreibung zu je einem Zwölftel pro Monat in den laufenden betriebswirtschaftlichen Auswertungen erfassen.

Bitte vergessen Sie dabei nicht, dass Sie bei Neuzugängen im laufenden Geschäftsjahr diese Werte anpassen. Beachten Sie auch, ob evtl. zwischenzeitlich Anlagegüter schon komplett abgeschrieben wurden und hierfür keine Abschreibung im laufenden Geschäftsjahr mehr geltend gemacht werden kann.

Beispielunternehmen Don Bardo

Lassen Sie uns anhand eines kleinen Beispiels sehen, wie es sich auswirken würde, wenn die Abschreibungen unterjährig nicht verbucht würden. Angenommen, Herr Bardo erwirbt im Januar eines Wirtschaftsjahres ein neues betriebliches Fahrzeug, das eine Nutzungsdauer von 6 Jahren und einen Anschaffungspreis von 72.000,00 EUR hat. Bei linearer Abschreibung würde also folgender Betrag anfallen:

$$\frac{72.000{,}00 \text{ EUR}}{6 \text{ Jahre}} = 12.000{,}00 \text{ EUR Abschreibung/Jahr}$$

Würde die Abschreibung unterjährig nicht verbucht werden, sondern erst im Rahmen des Jahresabschlusses, müsste Don Bardo dann zusätzlichen Aufwand in Höhe von 12.000,00 EUR nacherfassen. Das bedeutet, das Ergebnis im Jahresabschluss würde um 12.000,00 EUR niedriger ausfallen als erwartet. Erfasst er bei der monatlichen Buchhaltung auch die Abschreibung sofort anteilig, würden je-

9 Siehe Kapitel 8 »Eine besondere Auswertung: Die Rating-BWA«.
10 AfA heißt Absetzung für Abnutzung.

den Monat 12.000,00 EUR/12 Monate = 1.000,00 EUR zusätzlicher Abschreibungsaufwand in seine Erfolgsauswertung eingehen.

Geringwertige Wirtschaftsgüter und »Digitale Abschreibung«

Zwei Besonderheiten sollten Sie im Bereich der Abschreibungen noch kennen: die Abschreibung der sog. geringwertigen Wirtschaftsgüter, kurz GWG, und die neu geschaffene Möglichkeit der »Digitalen Abschreibung«.

Geringwertige Wirtschaftsgüter (GWG)

GWGs sind bestimmte Wirtschaftsgüter des Anlagevermögens, und zwar solche, die beweglich und selbstständig nutzbar sind und bestimmte Anschaffungs- und Herstellungskosten nicht überschreiten. Diese besonderen Wirtschaftsgüter dürfen auch nach speziellen Regelungen abgeschrieben werden. Da die Abschreibung der GWG in den letzten Jahren einigen Änderungen unterlag, hier eine kurze Zusammenfassung **zum derzeitigen Rechtsstand** bei den Gewinneinkunftsarten:

- Anschaffungskosten/Herstellungskosten bis 250 EUR: Sofort abziehbar (ohne dass darüber ein gesondertes Verzeichnis zu führen ist) oder Abschreibung über die Nutzungsdauer
- Anschaffungskosten/Herstellungskosten über 250 EUR bis 800 EUR: Wahlrecht zwischen Sofortabschreibung mit gesondertem Verzeichnis, Einstellung in den GWG-Sammelposten oder Abschreibung über Nutzungsdauer.
- Anschaffungskosten/Herstellungskosten über 800 EUR bis 1.000 EUR: Wahlrecht zwischen Einstellung in den GWG-Sammelposten (Abschreibung über 5 Jahre) oder Abschreibung über Nutzungsdauer.
- Anschaffungskosten/Herstellungskosten über 1.000 EUR: Abschreibung über Nutzungsdauer.

Achtung

Im Moment plant die Bundesregierung eine Anhebung der GWG-Grenzen und Anpassung des Sammelpostens ab 2024.

Das mag nun etwas kompliziert klingen. Was heißt das in der Praxis? Wie Sie sehen, können Sie bei den geringwertigen Wirtschaftsgütern wählen, ob Sie die Abschreibung über die Nutzungsdauer oder nach einer Sonderregel erfassen. Sonderregeln sind dabei die Sofortabschreibung und die Abschreibung über den GWG-Sammelposten. Die Sofortabschreibung erlaubt, dass die Anschaffungs-/Herstellungskosten sofort komplett als Abschreibungsaufwand geltend gemacht werden dürfen (also eigentlich das Gegenteil der klassischen Abschreibung, die ja verlangt, dass Anschaffungs- und Herstellungskosten verteilt werden müssen).

Die GWG-Sammelpostenregel (auch unter dem Namen Sammelpool bekannt) besagt, dass alle geringwertigen Wirtschaftsgüter, die in einem Wirtschaftsjahr angeschafft/hergestellt wurden, in diesen Sammelpool aufgenommen werden, der dann unabhängig von der Nutzungsdauer der einzelnen GWGs über 5 Jahre zu jeweils 20% abgeschrieben wird.

Wichtig

Wenn Sie in einem Wirtschaftsjahr einen Sammelposten bilden, dann müssen Sie diesem alle in diesem Jahr erworbenen oder hergestellten Wirtschaftsgüter mit Anschaffungs-/Herstellungskosten über 250 EUR bis 1.000 EUR zurechnen.

Ob Sie Wirtschaftsgüter sofort komplett mit den gesamten Anschaffungs-/Herstellungskosten steuerlich geltend machen oder deren Kosten verteilen, beeinflusst natürlich die Höhe Ihres Gewinns. Hier haben Sie also Spielräume bei der Ermittlung Ihres Ergebnisses.

Digitale Abschreibung

Im Zuge der Coronapandemie und der damit einhergehenden verstärkten Homeoffice-Nutzung hat das Bundesfinanzministerium im Jahr 2021 ein BMF-Schreiben[11] zur sog. Digital-AfA herausgegeben und die Regelungen nochmals mit einem BMF-Schreiben aus dem Jahr 2022[12] präzisiert. Was hat es damit auf sich? Während der Pandemie sind viele Menschen beruflich ins Homeoffice gewechselt. Um die anfallenden Kosten steuerlich schneller geltend machen zu können, hat sich die Finanzverwaltung entschieden, die steuerrechtliche Nutzungsdauer diverser Ausstattungsgegenstände zu vermindern. Gemäß den Schreiben des Bundesfinanzministeriums kann nun bestimmte Hard- und Software über eine Nutzungsdauer von nur einem Jahr abgeschrieben werden. Das heißt, die Gewinnminderung über die Abschreibung tritt also schneller ein als bisher üblich.

Was fällt nun genau unter begünstigte Computerhard- und -software?
Das Bundesfinanzministerium führt als Beispiele für Computerhardware Computer, Desktop-Computer, Notebook-Computer, Desktop-Thin-Clients, Workstations, Dockingstations, externe Speicher- und Datenverarbeitungsgeräte, externe Netzteile und Peripheriegeräte, wie Scanner oder Monitore, auf. Was genau unter den Gerätebezeichnungen zu verstehen ist, können Sie auch nochmals im Detail in den zitierten BMF-Schreiben nachlesen. Computersoftware im Sinne der Neuregelung ist Betriebs- und Anwendersoftware.

Aber Vorsicht: In Fachkreisen wird derzeit die Anwendbarkeit dieser steuerlichen Vergünstigung für bilanzierende Unternehmen kontrovers diskutiert, denn für die Handelsbilanz ist immer noch von der voraussichtlichen Nutzungsdauer zur Abschreibungsberechnung auszugehen.

---

11 Nutzungsdauer von Computerhardware und Software zur Dateneingabe und -verarbeitung, BMF, Schreiben v. 26.2.2021, IV C 3 – S 2190/21/10002 :013.

12 Nutzungsdauer von Computerhardware und Software zur Dateneingabe und -verarbeitung, BMF, Schreiben v. 22.2.2022, IV C 3 – S 2190/21/10002 :025.

3.2.2 Darlehen

Rein eigenfinanziert sind die wenigsten Unternehmen – die meisten haben mehr oder weniger viel Fremdkapital aufgenommen. Buchhalterisch haben Darlehensrückzahlungen zwei Komponenten: zum einen die reine Tilgung, also die Rückzahlung der Schuld, zum anderen die Zinszahlungen für die Überlassung des Fremdkapitals.

Achtung

Die Annuitäten oder Raten eines Darlehens teilen sich in einen Zins- und Tilgungsanteil. Der Zinsanteil ist ein Aufwandsposten, der den Gewinn mindert. Der Tilgungsanteil führt zwar zum Abfluss von Liquidität, hat aber keine gewinnmindernde Auswirkung. Er stellt nur die Rückzahlung der Schuld dar.

Je nach Vereinbarung im Darlehensvertrag sind die Raten monatlich, vierteljährlich oder auch nur jährlich zu leisten. Die betriebswirtschaftlichen Auswertungen können nicht aussagekräftig sein, wenn die Verbuchung der Zins- und Tilgungszahlungen unterjährig vernachlässigt wird. Oftmals werden nämlich die Zins- und Tilgungszahlen erst beim Jahresabschluss gesondert verbucht. Welche Auswirkungen hat das?

Die Darlehenszinsen gehen ja als Zinsaufwand in die Erfolgsauswertungen ein. Je nach Darlehens- und Zinshöhe fehlen dann in den unterjährigen Auswertungen Aufwandspositionen, die aber dann am Jahresende zusätzlich das Ergebnis vermindern.

Ebenso fehlen unter Umständen die während des Wirtschaftsjahres abgegrenzten Darlehenstilgungen in der Bewegungsbilanz des Unternehmens, was die Aussagen darüber, wohin die Mittel des Unternehmens geflossen sind/fließen müssen, unterjährig unbrauchbar machen.

3.2.3 Material- und Wareneinkauf vs. Material- und Wareneinsatz

Ein besonders heikles Thema in betriebswirtschaftlichen Auswertungen ist das korrekte Erfassen des Material- und Waren*einsatzes*. Dazu stellt sich die Frage, was man eigentlich in der Erfolgsauswertung dargestellt haben möchte. Setzen Sie in Ihrem Produktionsprozess Material und Waren ein, möchten Sie wahrscheinlich sehen, wie hoch Ihr erzielter Umsatz ist, den Sie mit den eingesetzten Waren und Materialien (und weiteren Aufwendungen wie für Personal etc.) erzielen konnten. Heruntergebrochen auf den Produktions- und Verkaufsprozess bedeutet dies, dass den erzielten Umsätzen die dazugehörigen *eingesetzten* Waren und Materialien gegenübergestellt werden müssen.

Für diese Information müssen Sie folglich Ihren Waren- und Material*einsatz* kennen. Was aber oft tatsächlich in der BWA ausgewiesen wird, ist der Material- und Waren-

einkauf. Der unternehmerische Alltag lässt meist nicht viel Zeit für zusätzliche Verwaltungstätigkeiten – mit der Folge, dass in der Praxis die eingekauften Materialien und Waren gemäß den Einkaufsrechnungen als Aufwand in die monatliche Buchhaltung mit eingebucht werden. Damit fließen Waren und Materialien bei ihrem Erwerb vollständig als Aufwand in die Erfolgsauswertung ein, unabhängig davon, in welchem Umfang sie tatsächlich zum Erzielen von Umsatz eingesetzt wurden. Richtigerweise dürften aber nur die Materialien und Waren Aufwand sein, die auch tatsächlich verbraucht wurden.

Konto-Nummer SKR 04	Bezeichnung
5400	Wareneingang 19 % Vorsteuer
5880	+/- Bestandsveränd. Roh-, Hilfsstoffe, Waren
	= Material-/Warenverbrauch

Wie Sie oben sehen können, müssen für die Position »Material-/Warenverbrauch« die Einkaufskonten wie das in der obigen Tabelle beispielhaft angeführte Kt. 5400 »Wareneingang 19% Vorsteuer« um die Bestandsveränderungen – also die Änderung der Lagerbestände – der Roh-, Hilfsstoffe und Waren (Kt. 5880) korrigiert werden. Es muss folglich das herausgerechnet werden, was zwar eingekauft wurde, aber derzeit noch auf Lager liegt, bzw. das hinzugerechnet werden, was aus dem Lager zusätzlich entnommen wurde.

Lassen Sie uns hierzu ein kleines Beispiel durchrechnen, um zu sehen, wie wichtig es für eine fundierte Erfolgsauswertungen ist, den Bestand zu erfassen.

Beispielunternehmen Don Bardo

Nehmen wir an, Herr Bardo hat im Januar Waren für 10.000,00 EUR eingekauft. Verkauft hat er von diesen Waren aber nur einen Teil, sodass noch Ware im Wert von 4.000,00 EUR auf Lager liegt. Aus dem Verkauf der Ware wurden 12.000,00 EUR Umsatzerlöse erzielt. Würden keine Lagerbestandsveränderungen erfasst werden, würden die 10.000,00 EUR komplett als Aufwand in die BWA eingehen.

	ohne Bestandsbuchung	mit Bestandsbuchung
Umsatzerlöse	12.000,00 EUR	12.000,00 EUR
Materialaufwand	10.000,00 EUR	6.000,00 EUR
Gewinn	2.000,00 EUR	6.000,00 EUR

Im Folgemonat Februar wurde keine neue Ware eingekauft. Nur die sich noch auf Lager befindliche Ware (Wert 4.000,00 EUR) wurde für 8.000,00 EUR verkauft.

Sehen wir uns die unterschiedlichen Gewinnauswirkungen an, wenn Bestandsänderungen verbucht werden bzw. wenn keine Bestandsänderungen verbucht werden.

	ohne Bestandsbuchung	mit Bestandsbuchung
Umsatzerlöse	8.000,00 EUR	8.000,00 EUR
Materialaufwand	0,00 EUR	4.000,00 EUR
Gewinn	8.000,00 EUR	4.000,00 EUR

Wie aber sieht der Totalgewinn aus, wenn man den jeweiligen Gewinn aus den Januar- und den Februarbuchungen addiert?

Totalgewinn	10.000,00 EUR	10.000,00 EUR

Sie sehen, der Totalgewinn über beide Monate ist identisch. In beiden Fällen beträgt er 10.000,00 EUR. Die beiden Monatsauswertungen weichen aber sehr voneinander ab. Wenn Warenbestandsbuchungen vernachlässigt werden, ist der Gewinn im Einkaufsmonat deutlich zu niedrig (2.000,00 EUR statt der tatsächlichen 6.000,00 EUR) und im Folgemonat deutlich zu hoch (8.000,00 EUR statt der tatsächlichen 4.000,00 EUR). Insofern sind also unterjährige betriebswirtschaftliche Auswertungen, die ohne Bestandsverbuchungen arbeiten, für eine monatsgenaue Einschätzung der Unternehmenslage nicht besonders sinnvoll.

Tatsächlich ist es in der Praxis so, dass solche Korrekturbuchungen meistens erst am Jahresende im Rahmen des Jahresabschlusses erfolgen, wenn die Inventur erledigt ist. Möchte man sich aber auch während des Geschäftsjahres über die betriebswirtschaftliche Lage eines Unternehmens informieren und zieht dazu die betriebswirtschaftlichen Erfolgsauswertungen heran, führt es zu verzerrten Ergebnissen, wenn die Korrekturbuchungen lediglich am Jahresende vorgenommen werden. In Ausnahmefällen kann es tatsächlich im Unternehmensalltag vorkommen, dass die in einem Monat eingekauften Materialien und Waren auch tatsächlich verbraucht werden. Gerade bei schnell verderblichen Waren wird die Lagerzeit sehr gering sein. Viel öfter aber wird Material und Ware auf Vorrat erworben, beispielsweise weil die Einkaufspreise gerade besonders niedrig sind. Wird dann keine monatliche Korrekturbuchung vorgenommen, gehen diese Einkäufe in die Auswertungen des jeweiligen Einkaufsmonats als Aufwand ein. Werden Materialien und Waren aus dem Lager verbraucht, die evtl. schon vor mehreren Monaten eingekauft wurden, fehlt bei dieser Vorgehensweise der Aufwand. Den erzielten Umsätzen stehen in der Regel also entweder überhöhte oder zu niedrige Material- und Warenaufwendungen gegenüber. Es wird also nicht das tatsächliche Unternehmensergebnis gezeigt und die BWA wird unbrauchbar.

Was ist die Lösung? Die Vorgehensweise zur Lösung dieses Problems ist nicht bequem, trotzdem aber ist sie – wie eben geschildert – sehr sinnvoll.

Es ist notwendig, zumindest einen groben Überblick über den Material-/Warenverbrauch zu haben und unterjährige Bestandsbuchungen vorzunehmen. Es bietet sich also an, auch unterjährig über die Bestandskonten Einkäufe auszugleichen, um den tatsächlichen Material- und Warenverbrauch auszuweisen.

Beispielunternehmen Don Bardo

Auszug aus der Kostenstatistik I mit Kontenausweis Juni	
	Saldo Juni
Material-/Warenverbrauch	28.112,27 EUR
05400 Wareneingang 19 % Vorsteuer	-37.111,27 EUR
05736 Erhaltene Skonti 19 % Vorsteuer	499,00 EUR
05880 Bestandsveränderungen Roh-, Hilfsstoffe, Waren	8.500,00 EUR

Wie können Sie bei der Verbuchung vorgehen? Sie werden sich vielleicht die Frage stellen, wie diese Bestände zu bewerten sind. Mit den Einkaufs- oder Verkaufspreisen? Die Einkaufspreise sind hierzu die maßgebliche Größe. Der Wareneinkauf z. B. wird über das Kt. 5880 korrigiert. Ein positiver Betrag in der Zeile Kt. 5880 »Bestandsveränd. Roh-, Hilfsstoffe, Waren« korrigiert den Wareneinkauf um die ins Lager verbrachte Ware. Das heißt, es wurde mehr Ware eingekauft als verbraucht. Diese Ware liegt nun auf Lager. Der BWA-Posten »Material-/Warenverbrauch« ist also nun der um die Veränderung des Lagerbestands korrigierte Wareneinkauf. Ein negativer Betrag in der Zeile »Bestandsveränderungen Roh-, Hilfsstoffe, Waren« erhöht dagegen als zusätzlicher Aufwand den bereits als Aufwand verbuchten Wareneinkauf. Für die Umsätze wurden mehr Waren benötigt als eingekauft wurden. Es wurden also Bestände aus dem Lager entnommen. Diese Ausgleichsbuchungen sind nötig, damit in der BWA eben nur die tatsächlich eingesetzten Waren den erzielten Umsatzerlösen gegenübergestellt sind.

Am einfachsten lässt sich die tatsächliche Verbrauchsermittlung über den Einsatz eines EDV-gestützten Warenwirtschaftssystems lösen. Aber auch schon monatliche Schätzungen bieten zumindest grob die Möglichkeit, den Zusammenhang von Umsatz und Verbrauch in die monatliche BWA einzupflegen. Lässt sich ein relativ gleichbleibender Zusammenhang zwischen Gesamtleistung des Unternehmens und Warenverbrauch erkennen, können auch prozentuale Pauschalumbuchungen helfen, zumindest einen ungefähren Warenverbrauchswert anzusetzen. Tatsächlich sind aber auch dies nur Näherungswerte und die Prozentzahlen müssen unbedingt am Jahresende bei der tatsächlichen Bestandsermittlung auf deren Richtigkeit überprüft werden. Deshalb gilt: Je genauer die Erfolgsauswertung sein soll, desto genauer muss auch die Material- und Warenverbrauchserfassung sein.

3.2.4 Auflösung von Rechnungsabgrenzungsposten

Auch die Verbuchung der Rechnungsabgrenzungsposten ist generell eher dann ein Thema, wenn der Jahresabschluss erstellt wird – aber auch hier ist es sinnvoll, diese Buchungen bereits unterjährig mit in die Buchhaltung einzubeziehen.

Hinweis

Für Wirtschaftsjahre, die nach dem 31.12.2021 enden, wurde mit dem Jahressteuergesetz 2022 eine Neuerung bezüglich der Rechnungsabgrenzungsposten geschaffen (siehe § 5 Abs. 5 Satz 2 EStG): Wenn die jeweilige Ausgabe bzw. Einnahme den Wert geringwertiger Wirtschaftsgüter (derzeit 800 EUR) nicht übersteigt, kann steuerlich ein Ansatz von Rechnungsabgrenzungsposten unterbleiben (auch im Jahresabschluss). Dieses Wahlrecht muss aber für alle Einnahmen und Ausgaben einheitlich ausgeübt werden. Der derzeit geltende Betrag von 800 EUR kann sich zukünftig ändern, da dieser nicht betragsmäßig im Gesetz festgeschrieben ist, sondern von der Wertgrenze für geringwertige Wirtschaftsgüter abhängt.

Auch wenn Rechnungsabgrenzungsposten steuerrechtlich bis zur oben genannten Höhe nicht verpflichtend erfasst werden müssen, ist es aber im Sinne der periodengerechten Gewinnermittlung empfehlenswert, auch unterjährig diese Positionen in die Buchhaltung mit aufzunehmen.

Was versteht man denn eigentlich unter Rechnungsabgrenzungsposten? Grundsätzlich unterscheidet man zwischen aktiven und passiven Rechnungsabgrenzungsposten. Sie dienen dazu, den Gewinn periodengerecht zu ermitteln. Oft genug kommt es im Unternehmensalltag vor, dass die Zeitpunkte der Zahlung und der wirtschaftlichen Zugehörigkeit nicht identisch sind. Klingt kompliziert? Keine Angst, so schwierig ist das gar nicht. Um die Buchung von Rechnungsabgrenzungsposten zu verdeutlichen, stellen wir uns vor, Herr Bardo hätte seine Miete nicht monatlich bezahlt und würde auch Mieterträge erzielen.

Beispielunternehmen Don Bardo: Aktiver Rechnungsabgrenzungsposten

Stellen Sie sich vor, die monatliche Miete für Johann Bardos Geschäft beträgt 1.000,00 EUR. Er überweist die Miete halbjährlich im Voraus einmal am 01.04. und einmal am 01.10. eines Geschäftsjahres. Folglich leistet er am 01.04. und am 01.10. jeweils eine Zahlung von 6.000,00 EUR.

Würden keine Abgrenzungsbuchung vorgenommen werden, würden die betriebswirtschaftlichen Auswertungen April und Oktober jeweils einen Mietaufwand von 6.000,00 EUR ausweisen, während in den restlichen Monaten kein Mietaufwand gezeigt werden würde. Tatsächlich beinhaltet die Zahlung vom 01.04. jedoch die Miete von April, Mai, Juni, Juli, August und September und die Zahlung vom 01.10. die Mietaufwendungen von Oktober, November, Dezember, Januar, Februar und März.

Wenn Zahlungen für Aufwendungen geleistet werden, die wirtschaftlich zu einem erst nach der Zahlung liegenden Zeitraum gehören, muss ein aktiver Rechnungsabgrenzungsposten gebucht werden. Auf dieses Konto werden die Zahlungen gebucht, die nicht den aktuellen Zeitraum betreffen. Sie werden also abgegrenzt.

Fortsetzung Beispiel: Aktiver Rechnungsabgrenzungsposten

Buchungen am 01.04.

Konto-Nummer SKR 04	Bezeichnung	Soll	Haben
Kt. 6310	Miete (unbewegliche Wirtschaftsgüter)	1.000,00 EUR	
Kt. 1900	Aktive Rechnungsabgrenzung	5.000,00 EUR	
an Kt. 1800	Bank		6.000,00 EUR

Der aktive Rechnungsabgrenzungsposten muss sukzessive aufgelöst werden – und zwar immer um den Teil, der wirtschaftlich zu dem jeweiligen Monat gehört. Das ist also jeden Monat von Mai bis einschließlich September ein Betrag von 1.000,00 EUR. Das heißt, die Zusatzbuchung, die jeden Monat von Mai bis September bezüglich dieser Mietzahlung erfasst werden muss, lautet:

Konto-Nummer SKR 04	Bezeichnung	Soll	Haben
Kt. 6310	Miete (unbewegliche Wirtschaftsgüter)	1.000,00 EUR	
an Kt. 1900	Aktive Rechnungsabgrenzung		1.000,00 EUR

Im Oktober wird dann ein neuer Rechnungsabgrenzungsposten eingestellt und über die Folgemonate aufgelöst.

Neben den aktiven Rechnungsabgrenzungsposten gibt es auch die passiven Rechnungsabgrenzungsposten. Wie Sie sich vermutlich denken, läuft das Spiel hier gewissermaßen spiegelverkehrt. Bei den passiven Rechnungsabgrenzungsposten wird eine Einnahme, die bereits vor dem Zeitpunkt der wirtschaftlichen Verursachung zugeflossen ist, abgegrenzt und der Ertrag ist erst in dem Monat zu erfassen, in dem er wirtschaftlich entstanden ist.

Beispielunternehmen Don Bardo: Passiver Rechnungsabgrenzungsposten

Nehmen wir an, Herr Bardo würde Mieterträge erzielen. Bei Mieteinnahmen, die im Voraus bezahlt werden, sind die Beträge ebenso abzugrenzen. Stellen Sie sich vor, er erhält am 01.01. die Miete von 200,00 EUR monatlich für ein Jahr im Voraus. Im Januar sind folglich nur 200,00 EUR als Ertrag zu buchen. Die restlichen 2.200,00 EUR müssen als passive Rechnungsabgrenzungsposten erfasst werden.

Buchungen am 01.01.

Konto-Nummer SKR 04	Bezeichnung	Soll	Haben
Kt. 1800	Bank	2.400,00 EUR	
an Kt. 4860	Grundstückserträge		200,00 EUR
an Kt. 3900	Passive Rechnungsabgrenzung		2.200,00 EUR

Die Erträge, die er nun auf dem Konto »Passive Rechnungsabgrenzung« gebucht hat, müssen dann wieder über die Folgemonate aufgelöst werden – also von Februar bis Dezember mit monatlich 200,00 EUR Ertrag.

Die monatliche Zusatzbuchung, die er bezüglich der Mieterträge erfassen muss, lautet also jeweils:

Konto-Nummer SKR 04	Bezeichnung	Soll	Haben
Kt. 3900	Passive Rechnungsabgrenzung	200,00 EUR	
an Kt. 4860	Grundstückserträge		200,00 EUR

Denken Sie bitte bei den Abgrenzungsbuchungen auch an Urlaubs- oder Weihnachtsgeld bzw. sonstige Einmalzahlungen an die Mitarbeiter. In den wenigsten Buchhaltungen werden diese Einmalbeträge sorgfältig nach wirtschaftlicher Zugehörigkeit erfasst, da das mit zusätzlichem Abstimmungsaufwand verbunden ist. Durchforsten Sie einmal Ihre Buchhaltung nach derartigen Beträgen und überprüfen Sie die Auswirkung auf Ihre einzelnen monatlichen Auswertungen.

Hinweis

Für die Einmalzahlungen wie Urlaubs- oder Weihnachtsgeld kann es sinnvoll sein, selbst Konten in der Kontenverwaltung anzulegen. Eine Vermischung mit kalkulatorischen Aufwandskonten wie z. B. dem Kt. 6970 »Kalkulatorischer Unternehmerlohn«, der keinen tatsächlichen Aufwand in der Buchführung darstellt, sondern eine zusätzliche reine kalkulatorische Rechengröße ist, sollte dabei aber vermieden werden. Deshalb ist es günstiger, im Personalaufwandskontenbereich (Kt. 6000 ff.) selbst ein Konto anzulegen und dieses für die anteiligen Urlaubs- und Weihnachtsgelder über eine Buchung mit dem Buchungssatz »selbst erstelltes Aufwandskonto« an Kt. 3074 »Rückstellungen für Personalkosten« zu nutzen und sozusagen monatlich eine Rückstellung für diese Zahlungen aufzubauen.

3.2.5 Bestandsveränderungen von fertigen und unfertigen Erzeugnissen und Leistungen

Zur Gesamtleistung gemäß der Kostenstatistik I gehört die Bestandsveränderung von fertigen und unfertigen Erzeugnissen. Was ist darunter zu verstehen?

Beispielunternehmen Don Bardo

Auszug aus der Kostenstatistik I mit Kontenausweis Juni	
	Saldo Juni
Umsatzerlöse	48.307,84 EUR
04400 Erlöse 19 % USt	49.274,47 EUR
04736 Gewährte Skonti 19 % USt	-546,46 EUR
04790 Gewährte Rabatte 19 % USt	-420,17 EUR
Bestandsveränderung F/U Erz	
Aktivierte Eigenleistungen	
Gesamtleistung	**48.307,84 EUR**

Fertige und unfertige Erzeugnisse sind Posten von produzierenden Unternehmen. Alles, was das Unternehmen produziert hat und was demgemäß in verkaufsfertigem Zustand ist und auf Lager liegt, wird als »fertiges Erzeugnis« bezeichnet. Produkte, die noch nicht fertiggestellt wurden und somit »unfertig« oder »teilfertig« sind, werden als »unfertige Erzeugnisse« betitelt. Insofern gibt es in einem typischen Handels- und Dienstleistungsunternehmen im Normalfall keine fertigen und unfertigen Erzeugnisse. Aufträge von Dienstleistungsunternehmen, die sich noch in Arbeit befinden, nennt man »unfertige Leistungen«. In der Baubranche nennt man sie »in Ausführung befindliche Bauaufträge«.

Bei den Bestandsveränderungen der fertigen und unfertigen Erzeugnisse haben wir wieder mit Lagerbeständen zu tun. Sie erinnern sich – im Bereich der Eingangslager für Material und Waren haben wir bereits erläutert, warum es wichtig ist, die Bestände an auf Lager liegenden Waren und Materialien zu kennen. Auch im Bereich der unfertigen und fertigen Erzeugnisse interessieren wir uns für die Lagerbestände und deren Veränderung.

Bei den Fertigerzeugnissen wäre gewiss jeder Unternehmer froh, wenn alles, was er produziert hat, auch sofort einen Abnehmer finden würde und kein Lager für die produzierten fertigen Erzeugnisse notwendig wäre. Die Realität sieht jedoch ein wenig anders aus, denn die produzierten Güter liegen oftmals eine gewisse Zeit im Lager, bevor sie verkauft werden können. Die Erzeugnisse haben in Ihrem Unternehmen aber schon einen Wert, nämlich einen lagernden Wert, der eben noch nicht in Umsatz umgewandelt wurde.

Denken Sie an die Osterhasen- und Weihnachtsmannfabrik. Es wird zwar das ganze Jahr über produziert, aber die Umsätze finden nur in der Zeit um Ostern und Weihnachten statt. Würde man den Wert dieser bereits auf Lager liegenden Produkte nicht schon während der Produktionsphase in die betriebswirtschaftliche Auswertung aufnehmen, da sie ja noch nicht verkauft wurden, wären zwar die Aufwendungen, die mit der Produktion verbunden sind, in der Erfolgsauswertung ersichtlich und würden das Ergebnis mindern. Das wäre aber eine einseitige Betrachtung, weil der Wert der tatsächlich schon entstandenen Güter den Aufwendungen nicht gegenübergestellt ist.

Auch unfertige Erzeugnisse müssen in eine aussagekräftige Erfolgsauswertung eingehen. Stellen Sie sich vor, ein Produktionsprozess dauert vielleicht ein paar Wochen oder Monate. Der Materialverbrauch verursacht jeden Monat Aufwand. Die Arbeitszeit Ihrer Angestellten zur Erstellung der Produkte ist in Form der Personalkosten schon mit in die Erfolgsauswertung geflossen usw. Der bereits geschaffene Wert der Produkte würde in den Auswertungen während des Produktionsprozesses jedoch fehlen, wenn man die Werte der Lagerbestände an unfertigen Erzeugnissen nicht in den monatlichen Buchhaltungen berücksichtigen würde. Was wäre die Folge? Bis zum Verkauf der Güter würden die betriebswirtschaftlichen Auswertungen ein zu negatives Bild zeigen. Die Kostenfaktoren würden die Auswertungen jeden Monat belasten, während die Erfolgsauswertung beim Verkauf von Lagerware ein zu optimistisches Bild vermitteln würde, da nun nur noch die Umsätze der Produkte, nicht aber die bei ihrer Erstellung entstandenen Aufwendungen miteinfließen würden.

Die Bewertung von fertigen und unfertigen Erzeugnissen ist in der Praxis eher Teil der Jahresabschlussarbeiten. Im Rahmen der Abschlusserstellung erfolgt eine Bewertung der unfertigen und fertigen Erzeugnisse zu – Achtung! – Herstellkosten und nicht zu Verkaufspreisen. Es ist dem buchhalterischen Prinzip der Vorsicht geschuldet, dass noch nicht realisierte Gewinne nicht ausgewiesen werden dürfen. Während des Wirtschaftsjahres spart man sich oft diese Bewertungsarbeit – aber wie Sie sehen, kann dann die Kostenstatistik I nicht korrekt sein, da, je nach Menge der im Lager liegenden unfertigen und fertigen Erzeugnisse, ein beträchtlicher Wert an erbrachter Leistung unberücksichtigt bleibt. Weist also die Zeile »Bestandsveränderungen F/U Erz« einen positiven Wert aus, heißt das, dass sich die entsprechenden Lagerbestände erhöht haben. Bei einem negativen Wert deutet dies folglich auf eine Bestandsminderung hin.

Tipp

Wundern Sie sich nicht, falls Sie als reines Dienstleistungsunternehmen in dieser Position einen Wert finden. Auch in der Dienstleistungsbranche kann es unfertige Leistungen geben – z. B. dann, wenn ein Beratungsauftrag zum Stichtag der Auswertungen noch nicht abgeschlossen ist, aber bereits Aufwendungen für diesen Auftrag entstanden sind. Diese unfertigen Leistungen werden in der Erfolgsauswertung zusammen mit den Bestandsveränderungen der fertigen und unfertigen Erzeugnisse gezeigt.

3.2.6 Unentgeltliche Wertabgaben

Unentgeltliche Wertabgaben – das ist eine ziemlich gespreizt klingende Begrifflichkeit. Was meint man damit eigentlich? Unentgeltlich heißt, dass kein Entgelt geflossenen ist, und Wertabgabe bedeutet, dass ein Wert, also eine Lieferung oder sonstige Leistung, hergegeben oder erbracht wurde. Der Unternehmer hat also etwas geliefert oder geleistet, ohne dass er dafür ein Entgelt bekommen hat.

Die Bezeichnung »unentgeltliche Wertabgaben« kommt aus dem Umsatzsteuerrecht und wird umgangssprachlich auch als Eigenverbrauch bezeichnet. Fragen Sie sich einmal, wo verbrauchen Sie selbst etwas aus Ihrem Unternehmen oder geben es ohne Entgelt ab? Nutzen Sie z. B. Ihr Betriebsfahrzeug auch für Privatfahrten? Oder telefonieren Sie auch privat mit Ihrem betrieblichen Handy? Vielleicht betreiben Sie auch ein Restaurant oder Café und Sie und Ihre Familie essen dort jeden Tag zu Mittag? Oder Sie sind Bäcker oder Metzger und entnehmen die Backwaren oder die Fleisch- und Wurstprodukte auch für Ihren privaten Bedarf? Das sind Beispiele für die am häufigsten vorkommenden privaten Entnahmen. Dass es unentgeltliche Wertabgaben gibt, ist also gar nicht so unwahrscheinlich. Sie werden sich nun vielleicht fragen, was das mit Ihren BWAs zu tun hat. Viel, denn unentgeltliche Lieferungen und sonstige Leistungen werden in der Regel den entgeltlichen Leistungen gleichgestellt.

In der Kostenstatistik I werden diese als sonstige betriebliche Erlöse ausgewiesen, erhöhen also Ihr Ergebnis. Je nachdem, um welche Art von Wertabgabe es sich handelt, wird deren Höhe auf unterschiedliche Weise berechnet.

Warum ist dies eigentlich notwendig? Welcher Sinn steht dahinter?

Wenn Sie die Aufwendungen Ihres betrieblichen PKWs als Aufwendungen, die Ihren Gewinn mindern, geltend machen, möchte der Gesetzgeber natürlich nicht, dass er Ihre privaten Fahrten quasi mitfinanziert und die Treibstoffkosten für die Fahrt in den Urlaub gewinnmindernde Aufwendungen darstellen. Es muss also sichergestellt werden: Wenn zunächst alle Kosten gewinnmindernd angesetzt werden können, dann werden im Gegenzug die privaten Fahrten mit dem jeweiligen Wert gewinnerhöhend gegengerechnet. Dafür gibt es verschiedene Berechnungsmethoden. Sie haben vielleicht schon einmal von der sog. 1-%-Regel oder der Fahrtenbuchmethode gehört. Dabei wird entweder ein pauschaler privater Nutzungsanteil (1-%-Regel) oder ein aufgrund mitprotokollierter Privatfahrten genau ermittelter privater Nutzungsanteil erfasst. Ebenso verhält es sich bei den Gebühren für private Telefonate. Auch hier werden – meistens pauschaliert mit einem gewissen Prozentsatz – private Nutzungsanteile gewinnerhöhend gebucht.

Beispielunternehmen Don Bardo

Johann Bardo hat einen betrieblichen PKW mit Bruttolistenneupreis im Zeitpunkt der Erstzulassung von 50.000,00 EUR. Er versteuert den privaten Nutzungsanteil mit der sog. 1-%-Regel. Monatlich ist also 1 % des Bruttolistenpreises als privater Anteil anzusetzen.

Das ergibt: 50.000,00 EUR × 1 % = 500,00 EUR monatliche Nutzungsentnahme.

Stellen Sie sich vor, Herr Bardo vergisst in seinen betriebswirtschaftlichen Auswertungen, diesen privaten Nutzungsanteil zu erfassen. Im Rahmen der Jahresabschlusserstellung werden dann 12 × 500,00 EUR = 6.000,00 EUR gewinnerhöhend nachgebucht.[13]

Bei den Warenentnahmen z. B. in der Gastronomie, bei Bäckern und Metzgern werden jährliche Pauschbeträge für die Sachentnahmen vom Bundesfinanzministerium herausgegeben. Die Werte dieser Tabelle stellen Nettowerte dar, die jeweils für eine Person pro Jahr gelten.

*Gewerbezweig	ermäßigter Steuersatz	voller Steuersatz	insgesamt
	EUR	EUR	EUR
Bäckerei	1.537,00	197,00	1.734,00
Fleischerei/Metzgerei	1.368,00	522,00	1.890,00
Gaststätten aller Art			
…			
b) mit Abgabe von kalten und warmen Speisen	2.919,00	762,00	3.681,00
…			
Café und Konditorei	1.481,00	550,00	2.031,00

*Auszug aus: Pauschbeträge für Sachentnahmen (Eigenverbrauch) 2023 BMF, Schreiben v. 21.12.2022, IV A 8 – S 1547/19/10001 :004. Das gesamte BFM-Schreiben finden Sie online in den digitalen Extras.

13 Das ist ein vereinfachtes Beispiel ohne Berücksichtigung von Fahrten zwischen der Wohnung und dem Betrieb und ohne Berücksichtigung der Umsatzsteuer. Für Elektro- und Hybridelektrofahrzeuge gibt es zudem spezielle Berechnungsmethoden.

Wenn Sie die oben gezeigten Werte und Beispielrechnungen betrachten, wird klar, dass es das Bild, das die BWA vermittelt, erheblich verzerren kann, wenn diese Beträge nur im Rahmen des Jahresabschlusses erfasst werden.

Tipp

Bitte beachten Sie, auch umsatzsteuerlich können die unentgeltlichen Wertabgaben relevant sein: Wenn die zugehörigen Aufwendungen dem Vorsteuerabzug unterlagen, dann unterliegen die zugehörigen »Quasientgelte« auch der Umsatzsteuer.

3.2.7 Ungeklärte Posten

Lassen Sie uns zuletzt noch zum Konto »ungeklärte Posten« kommen. Dieses Konto kommt in den verschiedenen Kontenrahmen nicht als Standardkonto vor und dennoch werden Sie es in vielen Buchhaltungen finden. Es zu führen, ist in gewisser Weise eine »Unsitte«, wenngleich dies verständlich ist. In der Hektik des Buchhaltungsalltags gibt es immer wieder Dinge, die für den Buchhalter nicht sofort einem Konto zuordenbar sind. Vielleicht fehlt gerade der Beleg, vielleicht ist auch nicht sofort aus dem Beleg ersichtlich, worum es sich bei einer Abbuchung tatsächlich handelt. Sind es betriebliche Ausgaben oder ist es doch ein privater Einkauf? Das sind nur einige der vielen möglichen Gründe, warum Beträge auf dem Konto »ungeklärte Posten« landen. Während der Buchungsarbeit ist das auch nicht weiter schlimm. Nur müssen diese Unklarheiten so schnell wie möglich beseitigt werden.

Kümmern Sie sich stets darum, dass diese Beträge alsbald auf die richtigen Konten gebucht und damit auch den richtigen BWA-Positionen zugewiesen werden – sonst kommt es am Jahresende, wenn der Abschlussbearbeiter diese Konten »aufräumt«, zu unliebsamen Überraschungen, weil die Buchungskonten dann zusätzliche, bisher nicht bekannte Beträge beinhalten.

Zusammenfassung: To-dos für Ihre unterjährige Buchhaltung

- Erfassen Sie die Abschreibungen nicht nur einmal jährlich, sondern am besten anteilig monatlich.
- Buchen Sie auch unterjährig die anteiligen Tilgungs- und Zinszahlungen für Ihre betrieblichen Darlehen.
- Ermitteln und verbuchen Sie laufend Ihre Warenbestände.
- Beachten Sie notwendige Abgrenzungen und verbuchen Sie diese konsequent.
- Nehmen Sie auch die Bestände an fertigen und unfertigen Erzeugnissen/Leistungen in Ihre Buchhaltung mit auf.
- Vergessen Sie nicht die Verbuchung von unentgeltlichen Wertabgaben.
- Kümmern Sie sich um das Konto »ungeklärte Posten« und buchen Sie die darauf zu findenden Posten zeitnah auf die richtigen Buchungskonten um.

4 Wie erfolgreich ist mein Unternehmen? Die Auswertungen zur Ertragslage

Vielleicht ist es Ihnen auch schon so ergangen: Sie haben die Auswertungen zu Ihrer Ertragslage, die einfache BWA oder die erweiterte BWA »Kostenstatistik I« (Lexware) bzw. »kurzfristige Erfolgsrechnung« (DATEV) nach dem Einreichen Ihrer Buchhaltungsunterlagen vom Steuerberater erhalten. Evtl. erstellen Sie die Auswertungen auch selbst. Viel mehr als das vorläufige Ergebnis haben Sie sich aber in dieser Auswertung bisher nicht angesehen. Was ist z. B. gemeint mit »Gesamtleistung«? Was ist der »Rohertrag« oder der »betriebliche Rohertrag« und vor allem worin besteht der Unterschied zwischen diesen beiden Größen? Warum wird ein »Betriebsergebnis« und auch ein »vorläufiges Ergebnis« dargestellt und welchen Zweck haben die Spalten mit den Prozentwerten in der Kostenstatistik I?

Tipp

Wie bereits in Kapitel 1 beschrieben, finden Sie die Auswertungen des Beispielunternehmens »Don Bardo« nicht nur im Anhang des Buchs, sie stehen Ihnen darüber hinaus bei den digitalen Extras zum Download zur Verfügung.

Ein weiterer Tipp: Drucken Sie die Auswertungen aus und legen Sie sie neben das Buch, während Sie sich mit den jeweiligen Erläuterungen beschäftigen. Im Folgenden geht es zunächst um die Kostenstatistik I.

Lassen Sie uns zunächst wieder einen Blick auf die Situation im Unternehmen von Johann Bardo werfen:

Beispielunternehmen Don Bardo

Wenn Johann Bardo bisher seine monatlichen Auswertungen betrachtet hat, dann interessierte ihn nur das »Vorl. Ergebnis«, also die letzte Zeile der Erfolgsauswertung Kostenstatistik I. Wie im vorangegangenen Kapitel 3 beschrieben, ist dieses Ergebnis aber nur aussagekräftig, wenn die Buchhaltung korrekt geführt wird. Da es in der Jahresabschlussbesprechung nicht selten zu Überraschungen bezüglich des Jahresergebnisses kam, fragt sich Herr Bardo, wie er solche Überraschungen künftig vermeiden kann. Seine unterjährige Buchhaltung wird er nun optimieren, aber was kann er noch tun? Wie kann ihm die Erfolgsauswertung bei der Unternehmensanalyse helfen? Er versucht zunächst, sich einen Überblick über die Zahlentabelle zu verschaffen. Das Problem daran ist aber, dass er nicht so recht weiß, wie er mit der Fülle an Zahlen umgehen und welche Schlüsse er aus den aufgeführten Werten, Zwischenergebnissen und Kennzahlen ziehen soll.

Wie man eine Erfolgsauswertung richtig liest, was wo aufgeführt ist und welche Zwischenergebnisgrößen für Ihr Unternehmen wichtig sind, werden wir nun im Detail besprechen. Dabei gehen wir auf die einzelnen Positionen und deren Zusammensetzung ein, sprechen die wichtigsten Konten einer jeden BWA-Größe an und betrachten vor allem auch die Kennzahlen der Kostenstatistik I, die eine besondere Hilfe bei der Unternehmenseinschätzung und -steuerung sein können.

Am besten holen Sie sich für das folgende Kapitel Ihre eigene Erfolgsauswertung dazu oder legen die Auswertungen unseres Beispielunternehmers bereit. Bedenken Sie dabei bitte, dass es sich, wenn Sie ein vorsteuerabzugsberechtigter Unternehmer sind, bei den verbuchten Beträgen in der Regel um Nettobeträge handelt.

Hinweis

Im Gegensatz zur Aufstellung einer Bilanz und Gewinn- und Verlustrechnung für bestimmte Unternehmer (§ 242 HGB) existiert keine gesetzliche Pflicht zur Erstellung von betriebswirtschaftlichen Auswertungen. Demzufolge gibt es auch keine gesetzliche Vorgabe, wie eine betriebswirtschaftliche Auswertung aufgebaut und gegliedert sein muss.

4.1 Die einfache oder die erweiterte BWA?

Bevor wir in die Details gehen, lassen Sie mich zunächst noch eine Besonderheit der Erfolgsauswertungen der Buchhaltungssoftware von Haufe Lexware nennen. Die Auswertungen der Ertragslage dienen dazu, dem Betrachter einen Überblick über den Unternehmenserfolg zu verschaffen. Sie sind sozusagen eine unterjährige Gewinn- und Verlustrechnung. Dazu gibt es bei Haufe Lexware zwei Arten von Auswertungen – die »einfache BWA« und die »erweiterte BWA Kostenstatistik I«. Für die optimale Analyse Ihres Unternehmens eignet sich meiner Meinung nach die erweiterte BWA Kostenstatistik I besser, da sie wesentlich mehr Information über Ihr Unternehmen bereithält als die einfache BWA. Vom Aufbau her ähnelt sie übrigens bis auf minimale Unterschiede der kurzfristigen Erfolgsrechnung der DATEV. Unterschiede gibt es hauptsächlich im Bereich der zugeordneten Konten. Trotzdem werfen wir aber in diesem Kapitel zumindest kurz und überblicksweise auch einen Blick auf die »einfache BWA«. Die Details der einzelnen Erfolgsauswertungsposten und mögliche Unterschiede der beiden Auswertungen besprechen wir aber in Kapitel 4.2 »Erweiterte BWA – die umfassende Kostenstatistik I«.

Hinweis

Ich möchte Sie nochmals daran erinnern, dass die in diesem Buch verwendeten Auswertungen der Software *Lexware buchhaltung plus* entstammen. Da aber die Auswertungen anderer Buchhaltungssoftwareanbieter meist relativ ähnlich aufgebaut sind, können Sie sich mit den folgenden Erklärungen in der Regel auch in BWAs anderer Anbieter zurechtfinden.

4.1.1 Die einfache BWA für einen schnellen Überblick

Für eine schnelle Übersicht eignet sich die einfache BWA (in der Software *Lexware buchhaltung plus* aufzurufen über *Berichte → Auswertung → 2 BWA*). Bei der einfachen betriebswirtschaftlichen Auswertung handelt es sich um eine Analyse Ihres Unternehmenserfolgs, die sehr komprimiert dargestellt ist. In dieser Auswertung geht es nur um die tatsächlichen Euro-Beträge der Positionen. Kennzahlen zur Einschätzung der Unternehmenslage werden in dieser BWA-Art nicht berechnet. Suchen Sie also lediglich nach einer kurzen Zusammenfassung aller Erfolgspositionen in einem gewissen Zeitraum, empfehle ich Ihnen, die einfache BWA zu verwenden. Für tiefer gehende Analysen sollten Sie die erweiterte BWA Kostenstatistik I zu Rate ziehen.

Tipp

Für diesen Abschnitt ist es hilfreich, wenn Sie ergänzend zum Buchtext einen Ausdruck der »Einfachen BWA ohne Kontennachweis« verwenden.

Im Auswahlmenü kann der gewünschte Auswertungszeitraum (Monat, Quartal oder Wirtschaftsjahr) gewählt werden.

Achtung

Es gibt Abweichungen bei der genauen Zusammensetzung der Werte zwischen einfacher BWA, erweiterter BWA und der kurzfristigen Erfolgsrechnung bei DATEV. Das heißt, zwischen den Auswertungen gibt es Unterschiede im Hinblick darauf, welche Buchungskonten in welche Posten miteinfließen. Für Vergleiche sollten Sie bei einem Auswertungstyp bleiben, nur so ist sichergestellt, dass auch die Zusammensetzung der verglichenen Werte identisch ist.

Und noch ein Tipp:

Tipp

Im Menüpunkt *Berichte → Auswertungsaufbau → 2 BWA* haben Sie die Möglichkeit, die Zusammensetzung der Positionen nachzuschlagen bzw. nach Ihren individuellen Wünschen zu verändern.

Grob gesagt, gibt die einfache BWA einen Überblick über den Unternehmenserfolg: Sie zeigt die Erträge abzüglich der Aufwendungen, also das, was von den Erträgen übriggeblieben ist, nachdem alle Aufwendungen abgezogen wurden. Bei der Analyse sollen Ihnen zudem Zwischenergebnisse und Zwischenwerte behilflich sein.

Am Anfang der einfachen BWA finden Sie die Berechnung der Gesamtleistung. Die Gesamtleistung zeigt, was das Unternehmen in seinem betrieblichen Leistungserstellungsprozess alles geschaffen hat. Sie setzt sich folglich aus mehreren Größen zusammen, nämlich aus

- den Umsatzerlösen,
- den Bestandsveränderungen der fertigen und unfertigen Erzeugnisse und
- den sonstigen betrieblichen Erträgen.

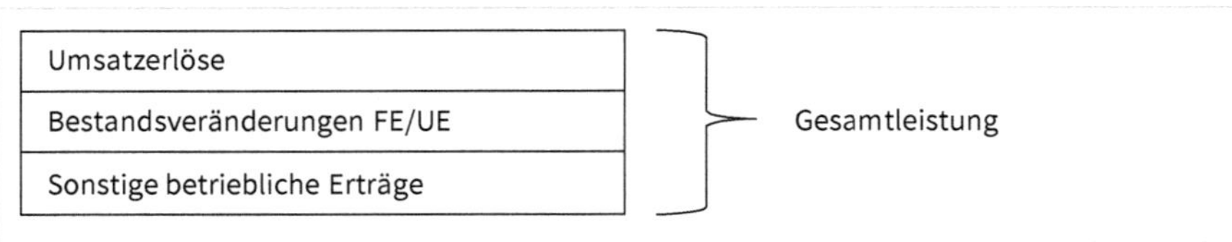

Abb. 4: Gesamtleistung

Achtung

Der Posten Bestandsveränderung FE/UE umfasst in der einfachen BWA auch die Bestandsveränderungen von Rohstoffen, Hilfsstoffen und Waren.

Der Leistung, die Ihr Unternehmen im Auswertungszeitraum erbracht hat, werden die angefallenen Aufwendungen gegenübergestellt. Der Übersichtlichkeit halber werden diese für die BWA in Kategorien zusammengefasst. Die wichtigsten Aufwandspositionen stehen in der folgenden Abbildung ganz oben:

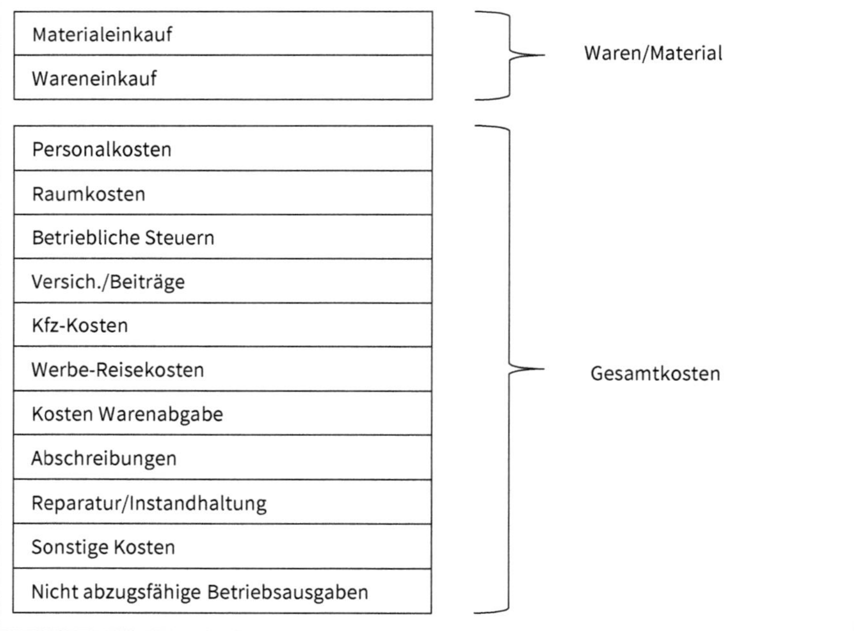

Abb. 5: Aufwandspositionen

Der Begriff »Gesamtkosten« für den oben dargestellten umfangreichen Kostenblock mag irreführend klingen, denn, wie Sie sehen, gehören nicht alle Kosten zum Gesamtkostenblock, da die Material- und Warenkosten als Zwischenaufwandsgrößen bereits weiter oben in der Übersicht aufgeführt sind.

Das Zwischenergebnis aus Gesamtleistung abzüglich Waren/Material und Gesamtkosten ist das Betriebsergebnis:

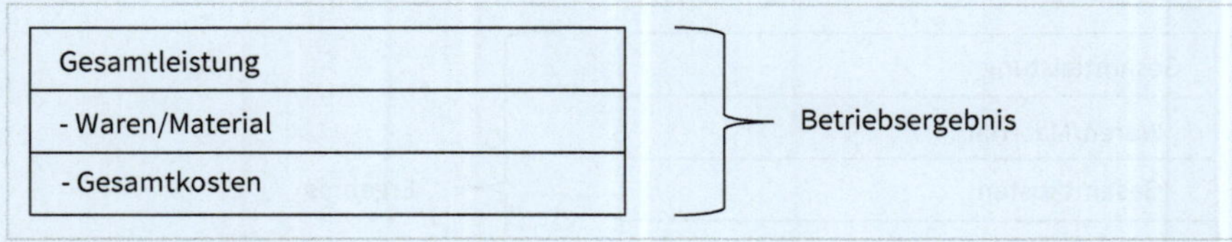

Abb. 6: Betriebsergebnis

Das Betriebsergebnis gibt Ihnen Auskunft über die Ertragskraft Ihres Unternehmens. Oftmals wird das Betriebsergebnis auch als »EBIT« (*learnings before interest and taxes*) oder »operativer Gewinn« bezeichnet.

Am Ende der Berechnung wird das Betriebsergebnis um die neutralen Aufwendungen vermindert und die neutralen Erträge werden hinzugerechnet.

Der neutrale Aufwand setzt sich folgendermaßen zusammen:

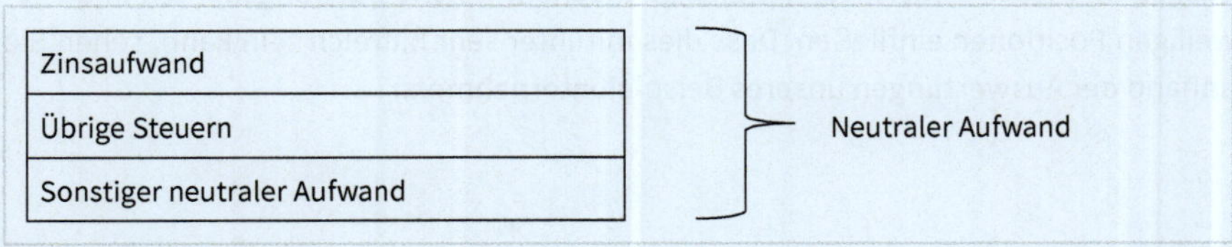

Abb. 7: Neutraler Aufwand

Der neutrale Ertrag setzt sich folgendermaßen zusammen:

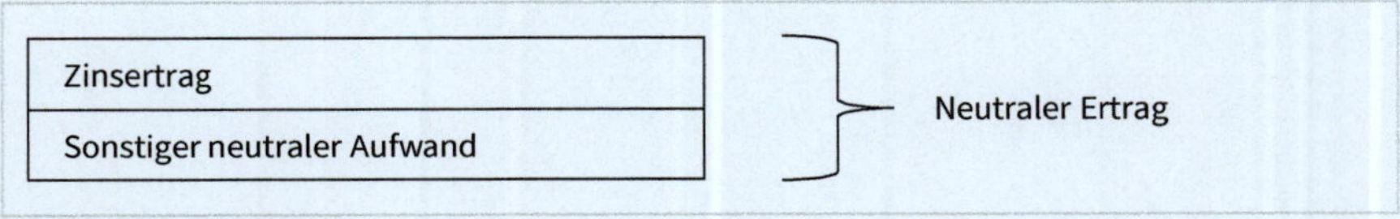

Abb. 8: Neutraler Ertrag

Der Begriff »neutral« deutet schon darauf hin, dass es sich um Posten handelt, die mit der eigentlichen Geschäftstätigkeit nichts zu tun haben. Hier finden sich also Aufwendungen und Erträge für Zinsen, übrige Steuern und sonstige Aufwendungen sowie Erträge, die betriebsfremd, außerordentlich oder periodenfremd sind.

Zusammengefasst ergibt sich also am Ende der einfachen BWA als Position »Ergebnis« der Unternehmenserfolg des jeweiligen Auswertungszeitraums:

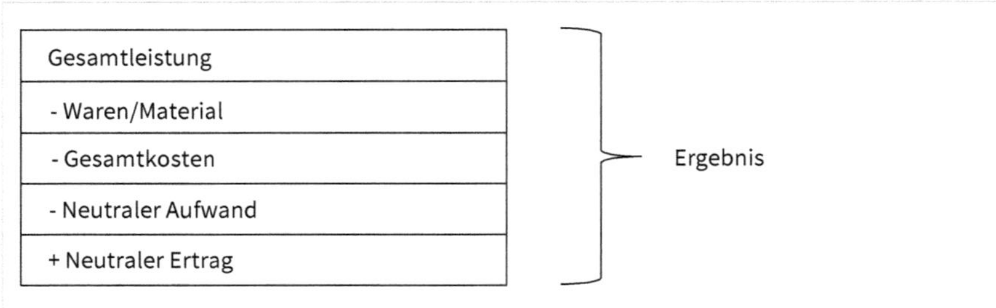

Abb. 9: Ergebnis

Erläuterungen zu den einzelnen Positionen und zu den Zuordnungsunterschieden zwischen der einfachen und der erweiterten BWA Kostenstatistik I finden Sie im folgenden Kapitel 4.2 »Erweiterte BWA – die umfassende Kostenstatistik I«.

Die einfache BWA lässt sich übrigens auch zusammen mit einem Kontennachweis ausgeben. Dieser dient dazu, deutlich zu machen, welche Buchungskonten in die jeweiligen Positionen einfließen. Dass dies mitunter sehr hilfreich sein kann, sehen Sie anhand der Auswertungen unseres Beispielunternehmers:

Beispielunternehmen Don Bardo

Johann Bardo will sich zunächst einen schnellen Überblick über die Unternehmenslage verschaffen. Zu diesem Zweck verwendet er die einfache BWA. Der Posten »sonstige Kosten« überrascht ihn ein wenig, da er sich nicht recht erklären kann, woher dieser hohe Betrag an sonstigen Kosten kommt. Um die Zusammensetzung des Postens herauszufinden, kann er z. B. über *Berichte → Auswertungsaufbau → 2 BWA* das Kontenzuordnungsmenü aufrufen und über die Markierung der Position »sonstige Kosten« alle dieser Position zugeordneten Kosten sichtbar machen. Über diesen Weg sieht er jedoch nur, welche Kosten den sonstigen Kosten im Allgemeinen zugeordnet werden und nicht, ob das jeweilige Konto auch in seiner Buchhaltung bebucht wurde bzw. in welcher Höhe Kosten angefallen sind. Eine andere Möglichkeit ist, den Anhang zur einfachen BWA, den sog. Kontennachweis, mit auszugeben. Dort wird wie beschrieben die Zusammensetzung jedes Postens mit Kontennummer und Kontenbezeichnung gezeigt.

Johann Bardo Don Bardo Einrichtung & Deko, Rebenstraße 1, 12345 Weinstadt

KONTENNACHWEIS zur Betriebswirtschaftlichen Auswertung zum 30. Juni

			EUR
1.	**Gesamtleistung**		
	1.1	Umsatzerlöse	
		04400 Erlöse 19 % USt	49.274,47
		04736 Gewährte Skonti 19 % USt	-546,46
		04790 Gewährte Rabatte 19 % USt	-420,17
	1.2	Bestandsveränderung F/U Erz	
		…	…
		…	…
3.	**Gesamtkosten**		
		…	…
		…	…
	3.9	Sonstige Kosten	
		…	…
		06821 Fortbildungskosten	-2.100,84
		…	…

Beim Betrachten des Kontonachweises fällt ihm nun auf, warum die sonstigen Kosten so hoch sind. Im Juni war Herr Bardo auf einer Fortbildung. Die Kosten von ca. 2.100 EUR sind Bestandteil der sonstigen Kosten.

4.1.2 Die erweiterte BWA für eine umfassende Analyse

Die erweiterte BWA, auch Kostenstatistik I genannt, bietet mehr Möglichkeiten, die Ertragslage Ihres Unternehmens zu analysieren. Schon allein am Umfang der erweiterten BWA, die meist mehrere DIN-A4-Seiten umfasst, können Sie erkennen, dass die Informationen umfassender sind als bei der einfachen BWA.

Über *Berichte → Auswertung → erweiterte BWA* erreichen Sie das Auswahlfenster für die Einstellungen zur Kostenstatistik I.

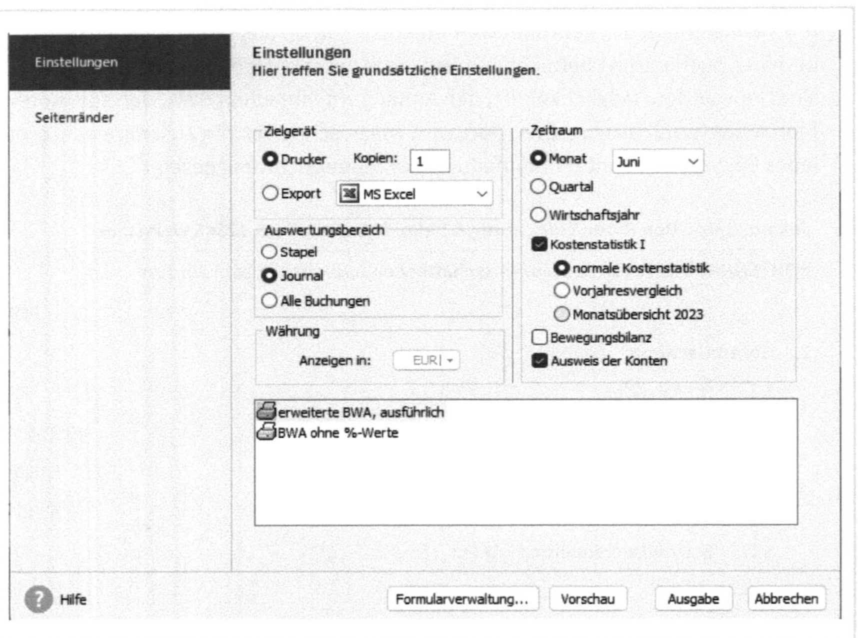

Abb. 10: Auswahlfenster für die Einstellungen zur Kostenstatistik I

An dieser Stelle gibt es einige Auswahlmöglichkeiten, die Sie übrigens – ggf. unter anderer Bezeichnung – in allen gängigen Buchhaltungsprogrammen auch finden. Zunächst einmal können Sie, wie bei der einfachen BWA, auch hier den Auswertungszeitraum individuell festlegen und zwischen monatlicher, vierteljährlicher und jährlicher Auswertung wählen. Ferner haben Sie die Möglichkeit, die Kostenstatistik I und/ oder die Bewegungsbilanz (s. Kapitel 5) auszuwählen. Die normale Kostenstatistik I ist die Auswertung, die wir im Folgenden besprechen. Diese kann zwar die einzelnen Posten nur in Form der tabellarischen Aufstellung zeigen, sie kann aber auch um den Ausweis der Konten ergänzt werden – über den Sie gleich mehr erfahren werden.

Die erweiterte BWA lässt sich übrigens auch als Vorjahresvergleich (s. Kapitel 7.1.2) oder als Monatsübersicht aller absoluten Werte der einzelnen Monate des Wirtschaftsjahres darstellen.

Die m. E. wichtigste Einstellungsmöglichkeit ist der Kontenausweis (in der einfachen BWA als »Kontennachweis« bezeichnet). Setzen Sie in diesem Feld einen Haken, werden die den einzelnen Zeilenpositionen zugeordneten bebuchten Konten in der Kostenstatistik I mitaufgeführt. Dies erleichtert Ihnen die Interpretationsarbeit enorm, da Sie sofort sehen können, welche Konten in die jeweilige BWA-Position miteinfließen. Wie sieht jetzt also diese erweiterte BWA in der Grundform aus?

Betriebswirtschaftliche Auswertung A.

Johann Bardo Don Bardo Einrichtung & Deko, Rebenstraße 1, 12345 Weinstadt

	Juni				
	Saldo	% Ges.-Leistung	% Ges.-Kosten	% Pers.-Kosten	Aufschl.
Umsatzerlöse	**48.307,84**	**100,00**			
04400 Erlöse 19 % USt	49.274,47				
04736 Gewährte Skonti 19 % USt	-546,46				
04790 Gewährte Rabatte 19 % USt	-420,17				
Bestandsveränderung F/U Erz					
Aktivierte Eigenleistungen					
Gesamtleistung	**48.307,84**	**100,00**	**281,83**	**733,00**	
Mat./Warenverbr.	28.112,27	58,19	164,01	426,56	100,00
05400 Wareneingang 19 % Vorsteuer	-37.111,27				
05736 Erhaltene Skonti 19 % Vorsteuer	499,00				
05880 Bestandsveränd. – Roh-, Hilfsstoffe, Waren	8.500,00				
Rohertrag	**20.195,57**	**41,81**	**117,82**	**306,44**	**71,84**
So. betr. Erlöse	700,00	1,45	4,08	10,62	
04639 Verwendung von Gegenständen (Kfz) ohne USt	100,00				
04645 Verwendung von Gegenständen (Kfz) 19 %	400,00				
04970 Versicherungsentschädigungen und Schaden	200,00				
Betriebl. Rohertrag	**20.895,57**	**43,26**	**121,90**	**317,06**	**74,33**
Personalkosten	6.590,40	13,64	38,45	100,00	23,44
06020 Gehälter	-6.000,00				
…	…	…	…	…	…

Kostenstatistik I

in €

	Jahresverkehrszahlen bis Ende Juni				
	Saldo	% Ges.-Leistung	% Ges.-Kosten	% Pers.-Kosten	Aufschl.
Umsatzerlöse	**272.967,86**	**100,00**			
04400 Erlöse 19 % USt	275.783,23				
04736 Gewährte Skonti 19 % USt	-2.395,20				
04790 Gewährte Rabatte 19 % USt	-420,17				
Bestandsveränderung F/U Erz					
Aktivierte Eigenleistungen					
Gesamtleistung	**272.967,86**	**100,00**	**317,12**	**690,32**	
Mat./Warenverbr.	161.116,66	59,02	187,18	407,45	100,00
05400 Wareneingang 19 % Vorsteuer	-173.716,50				
05736 Erhaltene Skonti 19 % Vorsteuer	2.599,84				
05880 Bestandsveränd. – Roh-, Hilfsstoffe, Waren	10.000,00				
Rohertrag	**111.851,20**	**40,98**	**129,94**	**282,86**	**69,42**
So. betr. Erlöse	4.200,00	1,54	4,88	10,62	
04639 Verwendung von Gegenständen (Kfz) ohne USt	600,00				
04645 Verwendung von Gegenständen (Kfz) 19 %	2.400,00				
04970 Versicherungsentschädigungen und Schade	1.200,00				
Betriebl. Rohertrag	**116.051,20**	**42,51**	**134,82**	**293,49**	**72,03**
Personalkosten	39.542,40	14,49	45,94	100,00	24,54
06020 Gehälter	-36.000,00				
…	…	…	…	…	…

Sofort fällt auf, dass diese Auswertung im Querformat wesentlich umfangreicher ist als die einfache BWA. Dies ist leider aber auch der Grund, warum viele Unternehmer nur das vorläufige Ergebnis in der letzten Zeile interessiert. Viel zu kompliziert wirkt die Auswertung, wenn man sie zum ersten Mal sieht. Aber keine Sorge, so knifflig ist das gar nicht – im Gegenteil, die Analyse Ihres Unternehmens anhand der Kostenstatistik I kann sogar richtig spannend sein. Lassen Sie uns einfach Schritt für Schritt vorgehen. Wir werden uns zunächst einmal den Aufbau der Zeilen und Spalten ansehen, bevor wir zu den Kennzahlen übergehen. Neben der Zusammensetzung der einzelnen Posten und Werte interessiert uns dabei auch, wie Sie die Kennzahlen zur Steuerung Ihres Unternehmens verwenden können.

4.2 Erweiterte BWA – die umfassende Kostenstatistik I

Unabdingbar für das Verständnis dieser Auswertung ist, dass Sie die Zusammensetzung der einzelnen Positionen kennen. Wie auch bei der einfachen BWA stehen die Umsatzerlöse am Anfang der Auswertung.

4.2.1 Die Gesamtleistung

Die erste wichtige Zwischenposition in der erweiterten BWA ist die Gesamtleistung. Diese beinhaltet alle Größen, die zum betrieblichen Leistungserstellungsprozess gehören.

Die Gesamtleistung setzt sich aus den folgenden Positionen zusammen:
- Umsatzerlöse,
- Bestandsveränderung fertige/unfertige Erzeugnisse,
- aktivierte Eigenleistungen.

Umsatzerlöse
Gemäß der Umsatzdefinition in § 277 Abs. 1 HGB versteht man unter Umsatzerlösen »die Erlöse aus dem Verkauf und der Vermietung oder Verpachtung von Produkten sowie aus der Erbringung von Dienstleistungen (...) nach Abzug von Erlösschmälerungen und der Umsatzsteuer sowie sonstiger direkt mit dem Umsatz verbundener Steuern (...)«. Wie es bei Gesetzestexten so ist, klingen diese manchmal furchtbar kompliziert. Also einfach ausgedrückt: Umsatzerlöse werden mit Ihrer Geschäftstätigkeit erzielt. Aber Achtung: Bei umsatzsteuerpflichtigen Leistungen muss die Umsatzsteuer auf den Umsatz an das Finanzamt abgeführt werden, d.h. diese gehört nicht zu den Umsatzerlösen. Erlösschmälerungen sind nichts anderes als die Nachlässe, die Sie Ihren Kunden in Form von Rabatten, Skonti oder Boni geben.

Hinweis

Vielleicht fragen Sie sich, was der Unterschied zwischen Skonti, Boni und Rabatten ist.

Skonti werden gewährt, wenn Ihr Kunde ein bestimmtes Zahlungsziel einhält. Dieser Nachlass hat den Sinn, Ihre Kunden zu einer schnellen Begleichung der Rechnung zu bewegen.

Rabatte werden normalerweise sofort beim Ausstellen der Rechnung vom Preis abgezogen. Rabatte gibt es bspw. in Form von Mengenrabatten, die den Kunden veranlassen sollen, möglichst viel in Ihrem Unternehmen einzukaufen, oder Treuerabatten, die ab einer gewissen Länge der geschäftlichen Beziehung gewährt werden.

Boni sind Rabatte, die erst nachträglich gewährt werden. Zum Beispiel am Ende eines Jahres, je nach Höhe des in diesem Zeitraum vom Kunden gemachten Umsatzes.

Zur Position der Umsatzerlöse in der Kostenstatistik I gehören z.B. folgende Buchungskonten:

Konto-Nummer SKR 04	Bezeichnung
4100	Steuerfreie Umsätze § 4 Nr. 8 ff UStG
4185	Erlöse als Kleinunternehmer i. S. d. § 19 Abs. 1 UStG
4300	Erlöse 7 % USt
4400	Erlöse 19 % USt

Beispielunternehmen Don Bardo

Auszug aus der Kostenstatistik I mit Kontenausweis Juni	
	Saldo Juni
Umsatzerlöse	48.307,84 EUR
04400 Erlöse 19 % USt	49.274,47 EUR
04736 Gewährte Skonti 19 % USt	-546,46 EUR
04790 Gewährte Rabatte 19 % USt	-420,17 EUR

Johann Bardo hat im Monat Juni Umsatzerlöse in Höhe von 48.307,84 EUR erzielt. Diese setzen sich zusammen aus Kt. 4400 »Erlöse 19 % USt«, welche um Kt. 4736 »Gewährte Skonti 19 % USt« und Kt. 4790 »Gewährte Rabatte 19 % USt« vermindert werden.

Bestandsveränderungen fertige/unfertige Erzeugnisse

Zum Erfolg des Unternehmens zählen aber nicht nur die Umsatzerlöse, die schon in Form von Einnahmen auf das Bankkonto oder in die Kasse geflossen sind, bzw. die noch offenen Forderungen gegenüber Ihren Kunden. Auch die Änderung des Bestandes an fertigen und unfertigen Erzeugnissen[14] oder an unfertigen Leistungen gehören

14 Diese Position wird im Programm *Lexware buchhaltung plus* als »Bestandsveränderung F/U Erz« bezeichnet.

dazu. Ebenso sind Produkte, die im Lager liegen bzw. die noch nicht komplett fertiggestellt sind oder Leistungen, die nur teilweise erbracht sind, Teil der Gesamtleistung des Unternehmens. Das hat mit der Darstellung der tatsächlichen Unternehmenslage zu tun. Die betriebswirtschaftliche Auswertung soll ein tatsächliches Unternehmensbild vermitteln. Wie Sie in Kapitel 3 »Wie erstellen Sie eine aussagekräftige BWA?« schon erfahren haben, sind für eine geeignete Datenbasis in der Buchhaltung auch die Bestände an fertigen und unfertigen Erzeugnissen und unfertigen Leistungen zu erfassen, zu bewerten und zu buchen. Auch, wenn sie noch nicht verkauft oder komplett erbracht wurden, müssen diese trotzdem den durch sie verursachten Aufwendungen gegenübergestellt werden.

Überblick über die wichtigsten Konten:

Konto-Nummer SKR 04	Bezeichnung
4800	Bestandsveränderungen – fertige Erzeugnisse
4810	Bestandsveränderungen – unfertige Erzeugnisse
4815	Bestandsveränderungen – unfertige Leistungen
4816	Bestandsveränderungen in Ausführung befindlicher Bauaufträge
4818	Bestandsveränderungen in Arbeit befindlicher Aufträge

Aktivierte Eigenleistungen

Wie der Name schon sagt, geht es hier um Leistungen des Unternehmens, die das Unternehmen selbst als Aktivposten in der Bilanz aktiviert und dafür einen Ertragsposten – nämlich den Ertrag in Form der aktivierten Eigenleistungen verbucht. Dieser Sachverhalt kommt in der Praxis nicht besonders oft vor, aber falls doch, wäre der Ausweis an dieser Stelle zu finden.

Was muss man sich unter aktivierten Eigenleistungen vorstellen? In einer Bilanz finden Sie ja, wie in Kapitel 3.2 »Wie muss die Buchhaltung für aussagekräftige Auswertungen aussehen?« besprochen, auf der Aktivseite alle Vermögensgegenstände des Anlage- und Umlaufvermögens. Die Gegenstände des Anlagevermögens, also diejenigen, die Sie langfristig für Ihr Unternehmen nutzen, können entweder gekauft oder selbst hergestellt werden. Egal, ob erworben oder selbst gefertigt: In beiden Fällen müssen Sie diese Vermögensgegenstände aktivieren – also der Aktivseite der Bilanz zuordnen. Wenn also die Mitarbeiter Ihres Unternehmens Vermögensgegenstände nicht für den Verkauf, sondern für Ihr Unternehmen erstellt haben, die Sie grundsätzlich als Bilanzposten in der Bilanz erfassen und aktivieren müssen (wenn Ihre Mitarbeiter z. B. eine Produktionsmaschine für Ihr Unternehmen selbst anfertigen oder bspw. eine Lagerhalle bauen), gilt dies als eine selbst erbrachte Leistung (Eigenleistung), die mit den Kosten zu aktivieren, also als eine aktivierte Eigenleistung zu erfassen ist.

Das wird so gemacht, weil die für diesen Vermögenswert anfallenden Kosten als Aufwand in der Kostenstatistik I berücksichtigt sind, denn Ihre Mitarbeiter haben Arbeitszeit für die Erstellung verwendet, haben evtl. Rohstoffe oder Material aus Ihrem Lager verarbeitet usw. Ein Ertrag in Form von Umsatzerlösen ist aber nicht zugeflossen. Sie haben nichts verkauft, sondern stattdessen haben Ihre Mitarbeiter einen Vermögensgegenstand geschaffen. Zu diesen Aufwendungen wird nun also eine Ertragsbuchung auf dem Konto »aktivierte Eigenleistungen« erfasst.

Vielleicht wenden Sie jetzt ein: »Aber der Aufwand für die Erstellung ist ja tatsächlich angefallen.« Wenn dieser nun über den Posten »aktivierte Eigenleistung« in Form einer Ertragsbuchung neutralisiert wird, also in gleicher Höhe durch diese Aktivierung ein Ertrag gebucht wird, dann wirken sich die Aufwendungen ja nicht mehr gewinnmindernd aus.« Das stimmt bis zu diesem Punkt. Allerdings können ja aktivierte Vermögensgegenstände über die Abschreibung wieder zu Aufwand werden. Wenn Sie eine Maschine nicht selbst erstellt haben, sondern gekauft haben, können die Anschaffungskosten auch über die Abschreibung als Aufwand geltend gemacht werden.

Wichtige Buchungskonten:

Konto-Nummer SKR 04	Bezeichnung
4820	Andere aktivierte Eigenleistungen
4825	Aktivierte Eigenleistungen zur Erstellung von selbst geschaffenen immateriellen Vermögensgegenständen

Hinweis

Bitte beachten Sie, dass es bei der Aktivierung von Vermögensgegenständen einige Besonderheiten zu beachten gibt. Holen Sie sich dazu unbedingt fachlichen Rat ein. Das betrifft zum Beispiel bestimmte immaterielle Vermögenswerte, die nicht aktiviert werden dürfen. Auch was das Erfassen der angefallenen Kosten betrifft, sollten Sie sich fachkundigen Rat einholen.

Das Zwischenergebnis »Gesamtleistung«

Umsatzerlöse
+ Bestandsveränderungen F/U Erz
+ Aktivierte Eigenleistungen
= **Gesamtleistung**

Die Gesamtleistung des Unternehmens besteht aus der Summe von Umsatzerlösen, der Bestandsveränderungen sowie den aktivierten Eigenleistungen. Alles, was in jeglicher Form in den Leistungserstellungsprozess des Unternehmens eingeflossen ist, gehört zu der erbrachten Gesamtleistung des Unternehmens.

Beispielunternehmen Don Bardo

Da Herr Bardo einen Handel mit Einrichtung und Dekoration betreibt, gibt es bei ihm weder einen Fertigungsprozess, aus dem Bestände an fertigen und unfertigen Erzeugnissen resultieren könnten, noch selbst erstellte Vermögensgegenstände. Die Gesamtleistung seines Unternehmens besteht nur aus der Position der Umsatzerlöse.

Auszug aus der Kostenstatistik I Juni	
	Saldo Juni
Umsatzerlöse	48.307,84 EUR
Bestandsveränderung F/U Erz	
Aktivierte Eigenleistungen	
Gesamtleistung	**48.307,84 EUR**

4.2.2 Der Rohertrag

Der Rohertrag ist ein interessantes Zwischenergebnis, wenn in Ihrem Unternehmen mit Material- oder Wareneinsatz gearbeitet wird. Er setzt sich aus den folgenden Positionen zusammen:

- Gesamtleistung abzüglich
- Material- und Warenverbrauch

und gibt einen ersten Überblick darüber, wie viel von der Gesamtleistung nach Abzug der in vielen Unternehmensbranchen größten Aufwandsposten Material- und Waren noch zur Deckung der weiteren Kostenfaktoren übrig ist. Bedenken Sie, für Unternehmer, die keine Materialien oder Waren verwenden, wie dies bei vielen Freiberuflern der Fall ist, stellt der Rohertrag keinen zentralen Analysewert dar.

Material- und Warenverbrauch

In der erweiterten BWA schließt sich an die Gesamtleistung der Material- und Warenverbrauch[15] an. Hier finden Sie die Aufwendungen für Material und Waren inkl. der Bezugsnebenkosten (dabei handelt es sich um Aufwendungen wie Eingangsfrachten, Transportverpackung, Vermittlungsgebühren usw.) sowie mit umgekehrten Vorzeichen die Preisminderungen in Form von Skonti, Rabatten und Boni. Es werden also

15 Diese Position wird im Buchhaltungsprogramm von Lexware als »Mat./Warenverbr.« bezeichnet.

zunächst alle Aufwendungen erfasst, die mit dem Material- oder Wareneinkauf zu tun haben. Tatsächlich sollen an dieser Stelle aber nicht die Aufwendungen für den *Einkauf* sondern den *Verbrauch* der Waren und Materialien stehen. Wie bereits in Kapitel 3 »Wie erstellen Sie eine aussagekräftige BWA?« angesprochen, müssen die Material- und Wareneingangskonten über die Bestandskonten ausgeglichen werden.

Wie bei den Bestandsveränderungen F/U Erzeugnisse sollen in einer Qualitäts-BWA auch die Material- und Waren*verbrauchszahlen* und nicht lediglich die Material- und Waren*einkäufe* angegeben werden. Erhöhen sich die Lagerbestände an Material und Waren, bedeutet das, dass von den eingekauften Materialien und Waren ein Teil ins Lager gewandert ist. Das heißt, dass der eigentlich zu hoch ausgewiesene Material- und Wareneinkauf um die Bestandserhöhung vermindert werden muss. Im umgekehrten Fall, wenn also die in einem Monat eingekauften Waren und Materialien nicht für den Leistungserstellungsprozess ausreichen und zusätzlich Materialien/Waren aus dem Lager entnommen werden, also eine Lagerbestandsminderung vorliegt, werden die Material- und Wareneingangskonten noch zusätzlich um die Bestandsverminderung der Roh-, Hilfsstoffe und Waren erhöht.

Beispielunternehmen Don Bardo

Springen wir einmal zum Anfang des Geschäftsjahres von Johann Bardo. Sagen wir, er hat im Januar drei besondere Vasen à 500,00 EUR netto zzgl. 19 % USt für den Weiterverkauf erworben. Wie muss er buchen?

Er bucht:

Konto-Nummer SKR 04	Bezeichnung	Soll	Haben
Kt. 5400	Wareneingang 19 % netto	1.500,00 EUR	
	Vorsteuer	285,00 EUR	
an Kt. 70001	Großhandel Müller		1.785,00 EUR

Die Vasen sind Ende Januar noch auf Lager, sodass er den Lagerbestand um 1.500,00 EUR anpasst.

Konto-Nummer SKR 04	Bezeichnung	Soll	Haben
Kt. 1140	Waren (Bestand)	1.500,00 EUR	
an Kt. 5880	Bestandsveränderung Roh-, Hilfs- und Betriebsstoffe sowie bezogene Waren		1.500,00 EUR

Im Monat Februar hat er diverse Dekorationsgegenstände eingekauft und auch sofort wieder weiterverkauft. Die drei Vasen aus dem Lager konnte er zusätzlich noch für jeweils 1.500,00 EUR netto zzgl. 19% USt weiterverkaufen und hat also aus dem Lagerbestand Umsätze in Höhe von 5.355,00 EUR erzielt.

Wie wird gebucht?

Er muss nun, neben der Buchung für den Verkauf der Vasen …

Konto-Nummer SKR 04	Bezeichnung	Soll	Haben
Kt. 1600	Kasse	5.355,00 EUR	
an Kt. 4400	Erlöse 19% USt		4.500,00 EUR
	Umsatzsteuer		855,00 EUR

… auch die Anpassung des Lagerbestandes verbuchen:

Konto-Nummer SKR 04	Bezeichnung	Soll	Haben
Kt. 5880	Bestandsveränderung Roh-, Hilfs- und Betriebsstoffe sowie bezogene Waren	1.500,00 EUR	
an Kt. 1140	Waren (Bestand)		1.500,00 EUR

Überblick über die wichtigsten Konten im Bereich »Mat./Warenverbr.«:

Konto-Nummer SKR 04	Bezeichnung
5130	Einkauf Roh-, Hilfs- und Betriebsstoffe 19% Vorsteuer
5300	Wareneingang 7% Vorsteuer
5400	Wareneingang 19% Vorsteuer
5736	Erhaltene Skonti 19% Vorsteuer
5800	Bezugsnebenkosten

Beispielunternehmen Don Bardo

Auszug aus der Kostenstatistik I mit Kontenausweis Juni	
	Saldo Juni
Mat./Warenverbr.	28.112,27 EUR
05400 Wareneingang 19% Vorsteuer	-37.111,27 EUR
05736 Erhaltene Skonti 19% Vorsteuer	499,00 EUR
05880 Bestandsveränd. Roh-, Hilfsstoffe, Waren	8.500,00 EUR

Der Posten »Mat.-/Warenverbr.« von Johann Bardo setzt sich aus mehreren Positionen zusammen: Kt. 5400 »Wareneingang 19% Vorsteuer« für Waren. Da dies Aufwendungen sind, haben diese ein negatives Vorzeichen. Korrigiert werden die Aufwendungen für Wareneingang dann um Kt. 5736 »Erhaltene Skonti 19% Vorsteuer« und die Bestandsveränderungen der Waren Kt. 5880 »Bestandsveränd. Roh-, Hilfsstoffe, Waren«. Bei Herrn Bardo können Sie sehen, dass der Lagerbestand im Monat Juni offensichtlich um 8.500 EUR zugenommen hat.

Hinweis

Manche BWAs bieten die Möglichkeit, unterschiedliche Arten der Wareneinsatzermittlung zu hinterlegen. Je nachdem, was Sie in den Stammdaten der Software eingestellt haben, kann der Wareneinsatz z. B. den tatsächlich gebuchten Wareneingangsrechnungen entsprechen, sich aus einem gewissen Prozentsatz der Gesamtleistung ermitteln oder über eine Korrektur der Wareneinkäufe um Bestände ermittelt werden.

Die Zwischenergebnisgröße »Rohertrag«:

Gesamtleistung
- Mat./Warenverbrauch
= **Rohertrag**

Der Rohertrag stellt nach der Gesamtleistung die zweite Zwischenergebnisgröße der Kostenstatistik I dar. Verwechseln Sie ihn nicht mit dem betrieblichen Rohertrag.[16] Der Rohertrag und der betriebliche Rohertrag sind nämlich zwei verschiedene Zwischengrößen. Der Rohertrag ergibt sich aus der Gesamtleistung, also aus allem, was Ihr Unternehmen aus der ordentlichen Geschäftstätigkeit an Umsatzerlösen, Produktion auf Lager und aktivierten Eigenleistungen generieren konnte abzüglich des Material- und Warenverbrauchs. Er ist für Unternehmen, deren größter Kostenfaktor das eingekaufte Material bzw. die eingekauften Waren darstellen, eine besonders interessante Größe für die Einschätzung der Ertragskraft des Unternehmens. Er zeigt an, wie viel der Gesamtleistung des Unternehmens nach Abzug der Material- bzw. Warenaufwendungen zur Deckung der weiteren Kosten übrig bleibt. Dies ist für den Unternehmer besonders wichtig, um seine Kostenstruktur im Auge behalten zu können.

16 Siehe Kapitel 4.2.3 »Der betriebliche Rohertrag«.

Beispielunternehmen Don Bardo

Auszug aus der Kostenstatistik I Juni	
	Saldo Juni
Gesamtleistung	48.307,84 EUR
Mat./Warenverbr.	28.112,27 EUR
Rohertrag	20.195,57 EUR

Herr Bardo kann über den Rohertrag Rückschlüsse auf die Fähigkeit ziehen, seine – neben den Warenaufwendungen – anfallenden Kosten zu decken. Bei ihm bleiben im Monat Juni 20.195,57 EUR für die weiteren Kosten wie Personalaufwendungen, Miete, Strom, Büroaufwendungen usw. übrig.

4.2.3 Der betriebliche Rohertrag

Wird das Zwischenergebnis Rohertrag um die sonstigen betrieblichen Erlöse ergänzt, ergibt sich der sog. betriebliche Rohertrag:

- Rohertrag zuzüglich
- sonstige betriebliche Erlöse.

Da es sich bei den sonstigen betrieblichen Erlösen, wie nachfolgend erläutert, aber nicht um die Erlöse aus dem Kerngeschäft des Unternehmens handelt, hat das Zwischenergebnis »betrieblicher Rohertrag« nur eine untergeordnete Bedeutung. Es dient beim Vergleich mit dem Rohertrag nur dazu, den Einfluss dieser sonstigen betrieblichen Erlöse auf die Ertragslage zu zeigen.

Sonstige betriebliche Erlöse

Getrennt von den Erlösen, die mit dem originären Geschäftszweck verbunden sind, werden in der Kostenstatistik I die sonstigen betrieblichen Erlöse[17] aufgeführt. Es handelt sich dabei um Erträge, die zwar durch den Betrieb, aber nicht unmittelbar durch den Hauptbetriebszweck generiert werden. Klingt spannend, denn was konkret verbirgt sich hinter dieser Beschreibung?

Beispielunternehmen Don Bardo

Werfen wir einen Blick auf die Kostenstatistik I von Johann Bardo. Welche Konten umfassen bei ihm die sonstigen betrieblichen Erlöse?

17 Diese Position wird im Buchhaltungsprogramm von Lexware als »So. betr. Erlöse« bezeichnet.

Auszug aus der Kostenstatistik I mit Kontenausweis Juni	
	Saldo Juni
So. betr. Erlöse	700,00 EUR
04639 Verwendung von Gegenständen (Kfz) ohne USt	100,00 EUR
04645 Verwendung von Gegenständen (Kfz) 19 %	400,00 EUR
04970 Versicherungsentschädigungen und Schadenersatz	200,00 EUR

Zu den sonstigen betrieblichen Erlösen gehören z. B. die Beträge für die private Verwendung von Gegenständen durch den Unternehmer, wie die private Kfz-Nutzung, oder auch Erträge, die aufgrund von Versicherungsentschädigungen oder Schadenersatz entstehen.

Welche Beispiele für sonstige betriebliche Erlöse gibt es noch? Hier eine Übersicht über die wichtigsten Buchungskonten:

Konto-Nummer SKR 04	Bezeichnung
4639	Verwendung von Gegenständen für Zwecke außerhalb des Unternehmens ohne USt (Kfz-Nutzung)
4645	Verwendung von Gegenständen für Zwecke außerhalb des Unternehmens 19 % USt (Kfz-Nutzung)
4646	Verwendung von Gegenständen für Zwecke außerhalb des Unternehmens 19 % USt (Telefonnutzung)
4860	Grundstückserträge
4925	Erträge aus abgeschriebenen Forderungen
4970	Versicherungsentschädigungen und Schadenersatzleistungen

Achtung

Besonders bei der Zuordnung der sonstigen betrieblichen Erlöse unterscheiden sich die einfache und erweiterte BWA von Lexware deutlich. Betrachten Sie also unterschiedliche BWAs, dann verwenden Sie hierzu bitte unbedingt den Kontennachweis bzw. die individuelle Kontenzuordnungsmöglichkeit, um nicht »Äpfel mit Birnen« zu vergleichen.

Die Zwischenergebnisgröße »Betrieblicher Rohertrag«

Rohertrag
+ So. betr. Erlöse
= **Betriebl. Rohertrag**

Beim betrieblichen Rohertrag[18] wird das Zwischenergebnis Rohertrag also um die sonstigen betrieblichen Erlöse erweitert. Er stellt somit ein weiteres Zwischenergebnis der Kostenstatistik I dar. Der Rohertrag ist allerdings für die Analyse des betrieblichen Geschehens wesentlich aussagekräftiger, denn dieser lässt ja gerade die Erlöse außen vor, die nicht direkt mit dem Betriebszweck verbunden sind.

Tipp

Da es sich bei den sonstigen betrieblichen Erlösen, wie Sie aus obiger Tabelle entnehmen können, um Zusatzerträge zum eigentlichen Kerngeschäft handelt, sollten Sie für eine erste Einschätzung der Unternehmenslage besser den Rohertrag als Analysegröße verwenden.

4.2.4 Die Gesamtkosten

Der Abschnitt Gesamtkosten enthält – bis auf den Waren- und Materialeinsatz, die Aufwendungen aus dem Bereich Finanzierung und neutrale Aufwendungen sowie die Steuern – alle im Betrachtungszeitraum angefallenen Kosten. Die Gesamtkosten zeigen also auf einen Blick die Höhe aller weiteren betrieblich bedingten Kostenpositionen Ihres Unternehmens.

Die Gesamtkosten setzen sich aus den folgenden Positionen zusammen:

- Personalkosten,
- Raumkosten,
- betriebliche Steuern,
- Versicherungen/Beiträge,
- Telefonkosten,
- Fahrzeugkosten,
- Reisekosten,
- Geschenke,
- Bewirtungskosten,
- Kosten Warenabgabe,
- Abschreibungen,
- Reparatur/Instandhaltung,
- sonstige Kosten.

Personalkosten

Je nachdem, wie personalkostenintensiv Ihr Unternehmen arbeitet, werden Sie hier einen größeren bzw. weniger großen Kostenfaktor finden. Die Personalkosten, also die Löhne, Gehälter und die entsprechenden Nebenkosten, stellen für Unternehmen immer einen besonders im Auge zu behaltenden Posten dar. Oftmals besteht ein

18 Diese Position wird im Buchhaltungsprogramm von Lexware als »Betriebl. Rohertrag« bezeichnet.

Unterschied zwischen dem Zeitpunkt der Entstehung der Personalkosten (also wann die Arbeitsleistung erbracht wurde) und dem Zeitpunkt der Auszahlung an die Mitarbeiter. Achten Sie somit besonders genau darauf, dass Sie die Personalkosten dem Entstehungszeitraum zuordnen.

Wie bereits in Kapitel 3.2.4 »Auflösung von Rechnungsabgrenzungsposten« beschrieben, sollten Einmalzahlungen wie Weihnachts- oder Urlaubsgeld aufgeteilt und nur mit dem jeweils auf den Auswertungszeitraum entfallenden Anteil erfasst werden.

Seien Sie sich auch bewusst, dass es Unterschiede wegen der verschiedenen Rechtsformen von Unternehmen gibt. Während beispielsweise bei GmbHs die Geschäftsführergehälter einen Teil des Personalkostenblocks darstellen, sind die Gewinnanteile des Einzelunternehmers keine Personalkosten, sondern Gewinnentnahmen. Das, wovon der Einzelunternehmer »lebt«, finden Sie also standardmäßig nicht als Aufwand in der betriebswirtschaftlichen Auswertung.

Falls gewünscht, kann aber z. B. kalkulatorischer Unternehmerlohn[19] gebucht werden (Kt. 6970 »Kalkulatorischer Unternehmerlohn« an Kt. 6980 »Verrechneter kalkulatorischer Unternehmerlohn«). Dabei müssen Sie jedoch drauf achten, dass diese Konten in der Kostenstatistik I auch richtig zugeordnet werden. Da dieser kalkulatorische Unternehmerlohn keinen tatsächlichen Aufwand, sondern nur eine rein rechnerische Kalkulationsgröße darstellt, müssen diese Kosten für das Ergebnis vor Steuern in der Erfolgsauswertung wieder hinzugerechnet werden.

Hinweis

In manchen BWAs werden die kalkulatorischen Kosten über die Position »neutraler Ertrag« wieder zugerechnet. In der Kostenstatistik I von Lexware müssen Sie die kalkulatorischen Kosten und die entsprechende Zurechnung selbst manuell den BWA-Posten zuordnen.

Beispielunternehmen Don Bardo

Auszug aus der Kostenstatistik I mit Kontenausweis Juni	
	Saldo Juni
Personalkosten	6.590,40 EUR
06020 Gehälter	-6.000,00 EUR
06035 Löhne für Minijobs	-576,00 EUR
06036 Pauschale Steuern für Minijobber	-14,40 EUR

19 Zum kalkulatorischen Unternehmerlohn s. auch Kapitel 3.1.1 »Externes und internes Rechnungswesen«.

Die Personalkosten setzen sich hier vereinfacht zusammen aus den Gehältern Kt. 6020 »Gehälter« sowie den Aufwendungen für Minijobber Kt. 6035 »Löhne für Minijobs« und Kt. 6036 »Pauschale Steuern für Minijobber«.

Die Personalkosten beinhalten neben den Konten 6010 »Löhne«, Kt. 6020 »Gehälter« und Kt. 6030 »Aushilfslöhne« auch weitere Buchungskonten wie z. B.:

Konto-Nummer SKR 04	Bezeichnung
6072	Sachzuwendungen und Dienstleistungen an Arbeitnehmer
6080	Vermögenswirksame Leistungen
6120	Beiträge zur Berufsgenossenschaft
6140	Aufwendungen für Altersversorgung

Wenn Sie die fünfte Spalte der Kostenstatistik I ansehen, werden Sie feststellen, dass diese Spalte mit »% Personalkosten« bezeichnet wird, also die Größe »Personalkosten« auch zur Berechnung von Unternehmenskennzahlen verwendet wird. Dazu werden Sie in Kapitel 4.3.3 »Kennzahl ›Prozent Personalkosten‹« mehr erfahren.

Hinweis

In der Kategorie Personalkosten werden nur die Aufwendungen für die Angestellten erfasst. Die Vergütungen für Fremdleistungen werden in der Kostenstatistik I bei den sonstigen Kosten mitausgewiesen.

Raumkosten

Die nächste Aufwandsposition der Kostenstatistik I sind die Raumkosten. Hierbei handelt es sich um alle Aufwendungen, die mit den betrieblichen Räumlichkeiten zusammenhängen. Die Raumkosten beinhalten jedoch nicht nur die Mietaufwendungen (Kt. 6310 »Miete [unbewegliche Wirtschaftsgüter]«), sondern auch Kosten wie z. B.:

Konto-Nummer SKR 04	Bezeichnung
6315	Pacht (unbewegliche Wirtschaftsgüter)
6320	Heizung
6325	Gas, Strom, Wasser
6330	Reinigung

Bitte beachten Sie: Die Kosten für die Instandhaltungen betrieblicher Räume sowie die Aufwendungen für Gebäudeversicherungen werden in der erweiterten BWA Kostenstatistik I von Lexware nicht als Raumkosten deklariert. Die Beiträge zu den Gebäudeversicherungen sind Teil der Versicherungsaufwendungen und die Aufwendungen für die Instandhaltung von betrieblichen Räumen gehören in der Kostenstatistik I zu den Reparatur- und Instandhaltungsaufwendungen. In der einfachen BWA weichen hier zum Teil die Zuordnungen ab.

Tipp

Nutzen Sie Räume betrieblich, für die Sie aber nichts bezahlen, z. B. weil Ihnen der Raum privat gehört, dann fließt dieser »Vorteil« der Unentgeltlichkeit nicht in die BWA mit ein – es sind ja keine Kosten entstanden, die Ihr BWA-Ergebnis mindern. Wenn Sie den Raum von fremden Dritten angemietet hätten, wären aber Kosten entstanden, die Ihr Ergebnis gemindert hätten. Das heißt, betriebswirtschaftlich richtig müssten Sie von Ihrem Unternehmen Miete verlangen und dies in Ihre BWA als Kostenfaktor einfließen lassen.

Wenn Sie also diesen Kostenfaktor auch mit in die BWA aufnehmen möchten, können Sie die kalkulatorische Miete berechnen. Hierfür wird kalkulatorische Miete (Kt. 6972 »Kalkulatorische Miete/Pacht« an Kt. 6982 »Verrechnete kalkulatorische Miete/Pacht«) für unentgeltlich genutzte Räume angesetzt, um diesen Kostenfaktor auch in der Preiskalkulation berücksichtigen zu können. Da diese Aufwendungen aber nicht tatsächlich, sondern nur rechnerisch – sprich kalkulatorisch – entstanden sind, müssen sie ebenso wie der kalkulatorische Unternehmerlohn am Ende der Kostenstatistik I wieder zugerechnet werden (in der Buchhaltungssoftware von Lexware müssen Sie die Zurechnung in der Erfolgsauswertung selbst einrichten).

Betriebliche Steuern

Betriebliche Steuern[20] sind, wie der Name schon sagt, Steuern, die den Betrieb betreffen. Die Einkommensteuer und den Solidaritätszuschlag werden Sie sowohl unter dieser Position als auch überhaupt in der betriebswirtschaftlichen Auswertung vergeblich suchen. Dies hängt damit zusammen, dass Einkommensteuer und Solidaritätszuschlag keine vom Gewinn abziehbaren Betriebsausgaben sind. Sie werden erst auf den Gewinn erhoben und betreffen folglich Ihre persönliche Steuerlast.

Welche Steuern werden dann unter der Position »betriebliche Steuern« in der Kostenstatistik I berücksichtigt?

Konto-Nummer SKR 04	Bezeichnung
7650	Sonstige Betriebssteuern
7680	Grundsteuer
7685	Kfz-Steuer

20 Diese Position wird im Buchhaltungsprogramm von Lexware als »Betriebl. Steuern« bezeichnet.

Beispielunternehmen Don Bardo

Auszug aus der Kostenstatistik I mit Kontenausweis Juni	
	Saldo Juni
Betriebl. Steuern	31,00 EUR
07685 Kfz-Steuer	-31,00 EUR

Der einzige Posten, der im Bereich betriebliche Steuern für das Unternehmen Don Bardo anfällt, ist die Kfz-Steuer. Die Kfz-Steuer wurde im Januar für das ganze Jahr im Voraus bezahlt. Der Betrag von insgesamt 372,00 EUR wurde dann abgegrenzt und monatlich sukzessive zu 1/12 aufgelöst.

Hinweis

Auch bei den betrieblichen Steuern sollten Sie sich unbedingt ansehen, welche Steuern Ihr Buchhaltungsprogramm dieser Kategorie zuordnet. Hier unterscheiden sich die Buchhaltungsprogramme oft.

Versicherungen/Beiträge

Ein Unternehmen hat oft eine Vielzahl von Versicherungs- und sonstigen Beiträgen zu leisten. Diese Aufwendungen sind dem Posten »Versicherungen/Beiträge« zugeordnet. Beachten Sie jedoch, dass nur die betrieblichen Versicherungen zu dieser Position gehören. Die Beiträge für private Versicherungen, wie z. B. für Ihre private Haftpflichtversicherung oder sonstige private Versicherungen, werden, wenn diese über betriebliche Konten bezahlt werden, als Privatentnahmen gebucht und sind somit als Teil der Gewinnverwendung in der betriebswirtschaftlichen Auswertung ausgewiesen (siehe Kapitel 5 »Herkunft und Verwendung der Mittel – die Bewegungsbilanz«). Es handelt sich hierbei also nicht um gewinnmindernde Ausgaben. Vielleicht suchen Sie unter dieser Position die Beiträge zur Sozialversicherung Ihrer Angestellten – aber Vorsicht: Sie finden sie nicht an dieser Stelle, sondern sie sind Teil der Position Personalkosten. Auch die Versicherungen Ihrer betrieblichen Fahrzeuge werden nicht den Versicherungen zugerechnet, sondern stattdessen den Fahrzeugkosten.

Wichtige Buchungskonten dieser BWA-Position der Lexware Buchhaltungssoftware sind beispielsweise:

Konto-Nummer SKR 04	**Bezeichnung**
6400	Versicherungen
6405	Versicherungen für Gebäude
6420	Beiträge

Beispielunternehmen Don Bardo

Auszug aus der Kostenstatistik I mit Kontenausweis Juni	
	Saldo Juni
Versicherungen/Beiträge	220,00 EUR
06400 Versicherungen	-200,00 EUR
06420 Beiträge	-20,00 EUR

Der Gesamtbetrag an Beiträgen und Versicherungen in der betriebswirtschaftlichen Auswertung von Johann Bardo setzt sich zusammen aus Kt. 6400 »Versicherungen« und Kt. 6420 »Beiträge«. Auch in diesem Posten wurden die im Voraus bezahlten Versicherungsprämien und Beiträge wieder abgegrenzt und anteilig über die folgenden Monate aufgelöst.

Tipp

Vergessen Sie also auch hier bitte nicht die Abgrenzung von Einmalzahlungen!

Telefonkosten

Unter der Rubrik Telefonkosten werden alle Aufwendungen, die für die betriebliche Kommunikation anfallen, zusammengefasst. Dass diese in der Kostenstatistik I von Lexware gesondert dargestellt werden, unterscheidet die erweiterte BWA von der einfachen Lexware-BWA.

Konto-Nummer SKR 04	Bezeichnung
6805	Telefon
6810	Telefax und Internetkosten

Hinweis

Die Verbuchung der privaten Anteile an den Telekommunikationsaufwendungen ist auf mehrere Arten möglich. In der Praxis werden meist die kompletten Aufwendungen für die Kommunikation als betriebliche Telefonkosten gebucht und die privaten Anteile der Telefonkosten werden dann im Gegenzug als unentgeltliche Wertabgabe erfasst.

Man sieht aber z. T. auch folgende Verbuchung: Nicht die kompletten Aufwendungen werden als betriebliche Telefonkosten gebucht und im Gegenzug wird dann eine unentgeltliche Wertabgabe erfasst, sondern die privaten Teile der Telefonnutzung werden gesondert als Privatentnahmen behandelt. Die Telefonkosten werden also erst einmal komplett betrieblich als Aufwand verbucht und die privaten Nutzungsanteile mindern dann die Telekommunikationsaufwendungen und gebuchten Vorsteuern über eine Habenbuchung.

Eine weitere Möglichkeit ist, dass sofort bei Verbuchung der Telefonkosten eine Splittingbuchung in private und geschäftliche Kostenanteile vorgenommen wird.

Beispielunternehmen Don Bardo

Die betriebliche Telefonrechnung für den Monat Juni beträgt 300,00 EUR netto zzgl. 19% USt (57,00 EUR) = 357,00 EUR. Herr Bardo nutzt das betriebliche Telefon zu 20% privat.

Variante 1 – Nachträgliche Umbuchung der privaten Kostenanteile

Konto-Nummer SKR 04	Bezeichnung	Soll	Haben
6805	Telefonkosten	300,00 EUR	
1406	Vorsteuer 19%	57,00 EUR	
1800	Bank		357,00 EUR
2100	Privatentnahmen	71,40 EUR	
6805	Telefonkosten		60,00 EUR
1406	Vorsteuer 19%		11,40 EUR

Variante 2 – Splitting der Telefonkosten

Konto-Nummer SKR 04	Bezeichnung	Soll	Haben
6805	Telefonkosten	240,00 EUR	
1406	Vorsteuer 19%	45,60 EUR	
2100	Privatentnahmen	71,40 EUR	
1800	Bank		357,00 EUR

Fahrzeugkosten

Die Position Fahrzeugkosten beinhaltet die meisten Aufwendungen für Fahrzeuge Ihres Unternehmens. Hierzu zählen z. B.:

Konto-Nummer SKR 04	Bezeichnung
6520	Kfz-Versicherungen
6530	Laufende Kfz-Betriebskosten
6540	Kfz-Reparaturen
6560	Mietleasing Kfz
6570	Sonstige Kfz-Kosten
6590	Kfz-Kosten für betrieblich genutzte zum Privatvermögen gehörende Kraftfahrzeuge

Wie Sie der Tabelle entnehmen können, werden zu dieser Aufwandskategorie nicht nur die Kosten, die im Zusammenhang mit PKW des Betriebsvermögens entstehen, gezählt. Auch die Kosten von PKW, die zum Privatvermögen gehören, zählen mit ihrem betrieblichen Aufwendungsanteil (also den Kosten für die betrieblichen Fahrten, die mit Ihrem privaten PKW durchgeführt werden) zu den Fahrzeugkosten.

Was allerdings nicht dieser BWA-Position zugeordnet wird, sind die Abschreibungen für Kraftfahrzeuge – diese sind nämlich ein Teil des BWA-Postens »Abschreibungen«. Bei den Kfz-Steuern gibt es unterschiedliche Ausweise: In der Kostenstatistik I sind die Kfz-Steuern in der Zeile »Betriebliche Steuern« aufgeführt. In der einfachen BWA dagegen sind die Kfz-Steuern als Teil der übrigen Steuern neutrale Aufwendungen.

Beispielunternehmen Don Bardo

Auszug aus der Kostenstatistik I mit Kontenausweis Juni	
	Saldo Juni
Fahrzeugkosten	635,26 EUR
06520 Kfz-Versicherungen	-84,00 EUR
06530 Laufende Kfz-Betriebskosten	-420,17 EUR
06540 Kfz-Reparaturen	-131,09 EUR

Die Kostenstatistik I weist einige Fahrzeugkosten aus. Darunter Kt. 6520 »Kfz-Versicherungen«, die aufgrund der Einmalzahlung im Voraus abgegrenzt wurden, Treibstoffkosten gemäß Kt. 6530 »Laufende Kfz-Betriebskosten« und Kt. 6540 »Kfz-Reparaturen«.

In vielen Erfolgsauswertungen sind keine monatlichen Kfz-Versicherungsbeiträge zu finden. Da die Beiträge in der Praxis sehr oft für eine gewisse Zeit im Voraus bezahlt werden, müssen sie aber, um eine wirklich verursachungsgerechte Auswertung zu erhalten, abgegrenzt und dann sukzessive aufgelöst werden.

Reisekosten

Alle Kosten für Reisen des Unternehmers und seiner Mitarbeiter sind Teil der Rubrik Reisekosten. Vielleicht hätten Sie die Aufwendungen für Reisen der Angestellten auch im Personalbereich vermutet, aber tatsächlich werden sie dieser Position zugeordnet. Konkret sind mit Reisekosten damit u. a. folgende Aufwandspositionen gemeint:

Konto-Nummer SKR 04	Bezeichnung
6660	Reisekosten Arbeitnehmer Übernachtungsaufwand
6663	Reisekosten Arbeitnehmer Fahrtkosten
6664	Reisekosten Arbeitnehmer Verpflegungsmehraufwand
6673	Reisekosten Unternehmer Fahrtkosten
6674	Reisekosten Unternehmer Verpflegungsmehraufwand

Im Gegensatz zur einfachen BWA sind in der erweiterten BWA die Reisekosten als separate Kategorie dargestellt. In der einfachen BWA werden Reise- und Werbekosten zu einem Posten zusammengefasst.

Beispielunternehmen Don Bardo

Auszug aus der Kostenstatistik I mit Kontenausweis Juni	
	Saldo Juni
Reisekosten	734,00 EUR
06670 Reisekosten Unternehmer	-350,00 EUR
06674 Reisekosten Unternehmer Verpflegungsmehraufwand	-384,00 EUR

Bei Johann Bardo können Sie sehen, dass Reisekosten in Höhe von 734,00 EUR angefallen sind. Ein Vorteil der Kostenstatistik I ist, dass in dieser Rubrik keine Werbekosten aufgeführt sind. Es findet somit keine Vermischung der Reise- und Werbekosten statt und Sie sehen auf einen Blick, wie hoch die Kosten für die reine Reisetätigkeit im betrachteten Zeitraum waren.

Geschenke

Ein weiterer Aufwandsposten sind die Geschenke. Entsprechende Konten sind z. B.:

Konto-Nummer SKR 04	Bezeichnung
6610	Geschenke abzugsfähig ohne § 37b EStG
6611	Geschenke abzugsfähig mit § 37b EStG

Konto-Nummer SKR 04	Bezeichnung
6612	Pauschale Steuern für Geschenke und Zugaben abzugsfähig
6620	Geschenke nicht abzugsfähig ohne § 37b EStG
6621	Geschenke nicht abzugsfähig mit § 37b EStG

Auch hier liegt eine Besonderheit der erweiterten BWA von Lexware vor: Bei ihr gibt es eine eigene Position für »Geschenke«, während oft bei anderen BWA-Anbietern sowie in der einfachen BWA die Buchungskonten der Geschenke zur Kategorie »Werbe- und Reisekosten« gehören.

Exkurs: Geschenke und § 37b EStG

Geschenke sind in der Geschäftswelt durchaus üblich. Vielleicht haben Sie auch schon einmal Ihren Angestellten oder Geschäftsfreunden Sachzuwendungen zukommen lassen und vielleicht sind Sie dabei auch schon über diesen § 37b EStG gestolpert. Was hat es damit eigentlich auf sich?

Es geht um das Thema Geschenke und Steuern. Zuwendungen sind generell zunächst beim Empfänger steuerpflichtig. Es gibt zwar einige Sonderregeln, z. B. die Regel für Aufmerksamkeiten an Arbeitnehmer, aber grundsätzlich führen Geschenke auch beim Empfänger zur Steuerpflicht. Da es aber bei Geschenken in der Natur der Sache liegt, dass eben kein Preiszettel an ihnen hängt, ist es für den Empfänger schwierig, den Wert des Geschenks und somit auch die Steuerhöhe zu bestimmen.

Mit § 37b EStG wurde daher die Möglichkeit geschaffen, dass – bis zu einem gewissen Wert des Geschenks – nicht der Beschenkte, sondern der Schenkende 30 % des Geschenkwertes als pauschale Steuer zuzüglich Solidaritätszuschlag sowie evtl. Kirchensteuer berechnet und für den Empfänger an das Finanzamt abführt. Das heißt, die Versteuerung kann also der Schenkende übernehmen. Was sonst noch in Sachen Geschenke beachtet werden muss, sollten Sie, wenn dieser Sachverhalt in Ihrem Unternehmen Thema wird, unbedingt mit Ihrem steuerlichen Berater besprechen.

Bewirtungskosten

Gehen Sie mit Ihren Geschäftspartnern essen, können Sie einen Teil der entstandenen Aufwendungen als Bewirtungskosten gewinnmindernd geltend machen. Der Posten Bewirtungskosten ist nur in der Kostenstatistik I, also der erweiterten BWA von Lexware ein separater Posten, nicht aber in der einfachen BWA von Lexware.

Die einfache BWA zeigt die Aufwendungen für Bewirtungskosten als Teil der »sonstigen Kosten«.

Bewirtungskosten in der Kostenstatistik I sind sowohl die abzugsfähigen als auch die nicht abzugsfähigen Bewirtungskosten.

Konto-Nummer SKR 04	Bezeichnung
6640	Bewirtungskosten
6644	Nicht abzugsfähige Bewirtungskosten

Tipp

Wie bei den Geschenken sind auch bei den Bewirtungskosten steuerliche Besonderheiten zu beachten. Es muss zunächst unterschieden werden, ob es sich um eine geschäftlich veranlasste Bewirtung von Arbeitnehmern oder von Dritten handelt. Ebenso muss genau geprüft werden, welche Art der Bewirtung vorliegt, also ob es sich um eine Geschäftsessen handelt oder ob es z. B. nur Kaffee und Kekse gibt.

Die Aufwendungen für die Bewirtung sollen angemessen sein, sie muss aus geschäftlichem Anlass erfolgen und Sie brauchen einen ordnungsgemäßen Bewirtungsbeleg. Unter diesen Voraussetzungen dürfen bei Bewirtungen von Personen, die nicht Arbeitnehmer sind, 70% der Nettoaufwendungen als Bewirtungskosten gewinnmindernd abgesetzt werden (Kt. 6640 »Bewirtungskosten«). 30% gelten als nicht abziehbare Bewirtungskosten (Kt. 6644 »Nicht abzugsfähige Bewirtungskosten«). Für die korrekte Verbuchung von Bewirtungskosten – Achtung: auch bezüglich der Vorsteuer – empfiehlt es sich, Rücksprache mit Ihrem Steuerberater zu halten.

Kosten Warenabgabe

Kosten der Warenabgabe heißt nichts anderes, als dass hier alle Kosten zusammengeführt werden, die mit dem Warenvertrieb, also dem Verpacken und Versenden, zusammenhängen. Genauer gesagt setzt sich diese Position u. a. aus folgenden Konten zusammen:

Konto-Nummer SKR 04	Bezeichnung
6710	Verpackungsmaterial
6740	Ausgangsfrachten
6760	Transportversicherungen
6770	Verkaufsprovisionen
6780	Fremdarbeiten (Vertrieb)

Die Fremdarbeiten (Vertrieb) werden in der einfachen BWA von Lexware nicht zu den Kosten der Warenabgabe, sondern zu den sonstigen Kosten gezählt.

Beispielunternehmen Don Bardo

Auszug aus der Kostenstatistik I mit Kontenausweis Juni	
	Saldo Juni
Kosten Warenabgabe	500,00 EUR
06770 Verkaufsprovisionen	-300,00 EUR
06780 Fremdarbeiten (Vertrieb)	-200,00 EUR

Herr Bardo hat im Monat Juni Verkaufsprovisionen für die Vermittlung eines größeren Auftrags in Höhe von 300,00 EUR und Vergütungen für Fremdarbeiten (Vertrieb) in Höhe von 200,00 EUR gezahlt. Zusammen stellen diese die Kosten der Warenabgabe in seiner Kostenstatistik I dar.

Abschreibungen

Wie Sie in Kapitel 3 »Wie Sie eine aussagekräftige BWA erstellen« bereits gelesen haben, gehört die unterjährige Abschreibungsverbuchung unbedingt zu einer Qualitäts-BWA. Noch einmal kurz zur Wiederholung: Abschreibungen werden Ihnen wahrscheinlich aus dem Anlagegüterbereich bekannt sein. Die Anschaffungs- und Herstellungskosten von Anlagegütern, die abnutzbar sind und mehr als ein Jahr genutzt werden, wirken sich nicht sofort gewinnmindernd aus, sondern werden über die betriebsgewöhnliche Nutzungsdauer abgeschrieben. Abschreibung heißt also, dass die Anschaffungs- und Herstellungskosten über die Nutzungsdauer verteilt werden. Je nachdem, um welche Anlagegüter und Abschreibungsarten es geht, werden diese Aufwendungen auf unterschiedlichen Konten verbucht.

In der Kostenstatistik I von Lexware gehören daher verschiedene Konten zu den Abschreibungen, u. a. die Folgenden:

Konto-Nummer SKR 04	**Bezeichnung**
6220	Abschreibungen auf Sachanlagen (ohne AfA auf Kfz und Gebäude)
6221	Abschreibungen auf Gebäude
6222	Abschreibungen auf Kfz
6230	Außerplanmäßige Abschreibung auf Sachanlagen

Abschreibungen umfassen neben den planmäßigen, also durch den geplanten Werteverzehr wie Verschleiß oder technischen Fortschritt entstehenden Abschreibungen auch die außerplanmäßigen Abschreibungen, die durch außergewöhnliche Ereignisse, wie z. B. Naturkatastrophen oder Brände, verursacht werden.

Hinweis

Im betrieblichen Buchhaltungsalltag werden die Abschreibungen meist nur einmal jährlich im Rahmen der Jahresabschlusserstellung gebucht. Bedenken Sie aber bitte: Diese Vorgehensweise verzerrt die Aussagekraft der betriebswirtschaftlichen Auswertungen enorm, da diese Aufwendungen in den unterjährigen Auswertungen fehlen.

Beispielunternehmen Don Bardo

Auszug aus der Kostenstatistik I mit Kontenausweis Juni	
	Saldo Juni
Abschreibungen	1.750,00 EUR
06220 Abschreibungen auf Sachanlagen	-1.167,00 EUR
06222 Abschreibungen auf Kfz	-583,00 EUR

Im Juni sind Abschreibungen in Höhe von 1.750,00 EUR gebucht worden. Diese setzen sich zusammen aus 1.167,00 EUR Abschreibungen für Sachanlagen (Abschreibung der Ladeneinrichtung Kt. 0640 und der sonstigen Betriebs- und Geschäftsausstattung Kt. 0690) und den Abschreibungen auf Kfz in Höhe von 583,00 EUR.

Einen wesentlichen Unterschied zwischen der einfachen BWA und der erweiterten BWA von Lexware gibt es übrigens auch bei der Abschreibung von uneinbringlichen Forderungen.

Uneinbringliche Forderungen sind Forderungen, die im wahrsten Sinne des Wortes »abgeschrieben« sind und die voraussichtlich nicht mehr von den Kunden bezahlt werden. Die Abschreibung dieser Forderungen gehört in der einfachen BWA von Lexware zu den sonstige Kosten und in der Kostenstatistik I zu den sonstigen betrieblichen Erlösen (mit umgekehrtem Vorzeichen).

Übrigens: Abschreibung bedeutet ja die Verteilung der Anschaffungs- und Herstellungskosten über die Nutzungsdauer, die in Anlehnung an die AfA-Tabellen des Bundesfinanzministeriums bestimmt wird. Daher kann es betriebswirtschaftlich durchaus sinnvoll sein, für die Erfolgsauswertung auch die kalkulatorische Abschreibung, also den tatsächlich kalkulierten Werteverzehr der Anlagegüter, zu verbuchen. Mehr dazu erfahren Sie in Kapitel 8 »Eine besondere Auswertung: Die Rating-BWA«.

Reparatur/Instandhaltung
Aufwendungen, die in einem Zusammenhang mit Reparaturen und Instandhaltungen stehen, sind Teil dieser BWA-Position. Allerdings werden die Reparaturen von betrieblichen Fahrzeugen und Bauten nicht an dieser Stelle ausgewiesen. Sie gehören, was die Fahrzeuge betrifft, zu den Fahrzeugkosten und, was die Bauten betrifft, zu den sonstigen Kosten.

In der Kostenstatistik I umfassen die Aufwendungen für Reparatur und Instandhaltung folgende Konten:

Konto-Nummer SKR 04	Bezeichnung
6335	Instandhaltung betrieblicher Räume
6460	Reparaturen und Instandhaltung von technischen Anlagen und Maschinen
6470	Reparaturen, Instandhaltung von anderen Anlagen und Betriebs- und Geschäftsausstattung

Element

Bei den Aufwendungen für die Instandhaltung betrieblicher Räume müssen Sie unbedingt – am besten in Absprache mit Ihrem steuerlichen Berater – prüfen, ob es sich um wesentliche Verbesserungen handelt, die nicht laufenden Aufwand darstellen, sondern evtl. als nachträgliche Anschaffungs- oder Herstellungskosten aktiviert werden müssen.

Beispielunternehmen Don Bardo

Auszug aus der Kostenstatistik I mit Kontenausweis Juni	
	Saldo Juni
Reparatur/Instandhaltung	453,78 EUR
06335 Instandhaltung betrieblicher Räume	0,00 EUR
06470 Reparaturen, Instandhaltung andere Anlagen	-453,78 EUR

In der Kostenstatistik I sind in der Zeile Kt. 6335 »Instandhaltung betrieblicher Räume« 0,00 EUR ausgewiesen. Das hängt damit zusammen, dass im Juni keine derartigen Aufwendungen angefallen sind, aber im Bereich der Jahreswerte (Jahresverkehrszahlen[21] bis Ende Juni in der Kostenstatistik I) ein Werteausweis (250,00 EUR) gegeben ist.

21 Jahresverkehrszahlen sind die kumulierten Werte des jeweiligen Jahres bis zum Ende des Auswertungszeitraums.

Für Reparaturen an der Betriebs- und Geschäftsausstattung sind im Auswertungszeitraum Aufwendungen in Höhe von 453,78 EUR entstanden.

Bei der Position der Reparatur- und Instandhaltungsaufwendungen gibt es große Unterschiede zwischen den verschiedenen BWAs. Beispielsweise sind die Kt. 6450 »Reparaturen und Instandhaltungen von Bauten« und Kt. 6495 »Wartungskosten für Hard- und Software« in der einfachen BWA von Lexware zu den Reparatur/Instandhaltungsaufwendungen zu zählen. Dagegen gehört bei dieser Auswertung Kt. 6335 »Instandhaltung betrieblicher Räume« nicht zu dieser Kostenrubrik.

Sonstige Kosten

Die letzte Kostenposition des Gesamtkostenblocks der Kostenstatistik I nennt sich »sonstige Kosten« und stellt das »Sammelbecken« für alle weiteren Kosten dar.

Wie Sie sich vorstellen können, bestehen auch hier große Unterschiede zwischen den einzelnen betriebswirtschaftlichen Auswertungen. In der Kostenstatistik I sind gehören zu den »sonstigen Kosten« u. a. folgende Aufwendungen:

Konto-Nummer SKR 04	Bezeichnung
5900	Fremdleistungen
6300	Sonstige betriebliche Aufwendungen
6450	Reparaturen und Instandhaltung von Bauten
6495	Wartungskosten für Hard- und Software
6498	Mietleasing bewegliche Wirtschaftsgüter für technische Anlagen und Maschinen
6600	Werbekosten
6630	Repräsentationskosten
6800	Porto
6815	Bürobedarf
6825	Rechts- und Beratungskosten
6845	Werkzeuge und Kleingeräte
6850	Sonstiger Betriebsbedarf
6855	Nebenkosten des Geldverkehrs

Sie sehen, diese Rubrik ist tatsächlich ein Sammelsurium unterschiedlichster Aufwendungen. Bei manchen dieser Buchungskonten stellt sich die Frage, wofür genau diese Konten sind. Lassen Sie uns exemplarisch zwei Buchungskonten herausgreifen:

- Das erste Beispiel ist das Kt. 6850 »Sonstiger Betriebsbedarf«: In jedem Unternehmen gibt es Aufwendungen für Gegenstände, die sich nicht eindeutig einem anderen Buchungskonto zuordnen lassen. Beispiele hierfür wären Batterien, typische Arbeitskleidung usw. Für solche Aufwendungen wird das Konto »Sonstiger Betriebsbedarf« verwendet.
- Das zweite Beispiel ist das Kt. 6495 »Wartungskosten für Hard- und Software«: Kommt bspw. ein Computerspezialist ins Haus, um die betriebliche EDV-Einrichtung zu warten, sind dies Aufwendungen, die auf diesem Konto gebucht werden müssen.

Die Aufwandskategorie »Sonstige Kosten« weist also alle Konten aus, die in der BWA-Gliederung nicht anderweitig kategorisiert werden konnten. Deswegen empfehle ich auch hier unbedingt, den Kontennachweis auszudrucken, um die genaue Zusammensetzung und Entwicklung dieser Kategorie im Auge zu behalten und zu sehen, welche Aufwendungen im Detail für die Änderungen der Rubrik verantwortlich sind.

Beispielunternehmen Don Bardo

Auszug aus der Kostenstatistik I mit Kontenausweis Juni	
	Saldo Juni
Sonstige Kosten	4.696,70 EUR
06495 Wartungskosten für Hard- und Software	-168,07 EUR
06600 Werbekosten	-1.680,67 EUR
06800 Porto	-78,00 EUR
06815 Bürobedarf	-408,40 EUR
06821 Fortbildungskosten	-2.100,84 EUR
06845 Werkzeuge und Kleingeräte	0,00 EUR
06850 Sonstiger Betriebsbedarf	-260,72 EUR

Herr Bardo wundert sich zunächst über die vergleichsweisen hohen sonstigen Kosten. Daher muss er nun den Kontenausweis genauer betrachten, um herauszufinden, wie sich diese Kategorie zusammensetzt. Den Hauptposten der sonstigen Kosten im Juni bilden Kt. 6821 »Fortbildungskosten« und Kt. 6600 »Werbekosten«. Diese Aufwendungen resultieren aus der Fortbildung zu verkaufsfördernden Maßnahmen, die Herr Bardo absolviert hat, und der Umsetzung dieser Kenntnisse in Form von neuen Werbemaßnahmen im Onlinebereich

Lassen Sie uns in diesem Zusammenhang ein paar Unterschiede zwischen den verschiedenen Erfolgsauswertungen betrachten: Das Kt. 5900 »Fremdleistungen« ist in der einfachen BWA von Lexware ein Teil der Material- und Warenaufwendungen. Die Konten Kt. 6450 »Reparaturen und Instandhaltung von Bauten« sowie Kt. 6495 »Wartungskosten für Hard- und Software« sind in dieser Auswertung wiederum der Kategorie Reparatur/Instandhaltung zugeordnet.

Auch bei den Werbekosten und den Repräsentationskosten findet sich eine Besonderheit. Da es in der einfachen BWA von Lexware eine Position »Werbe-/Reisekosten« gibt, werden die Kosten für Werbung und Repräsentation in diesen Erfolgsauswertungen nicht den sonstigen Kosten, sondern eben dieser Position zugeordnet.

Andererseits finden sich die Kosten für Telekommunikation in der einfachen BWA von Lexware in der Kategorie »sonstige Kosten«, während diese ja wiederum in der erweiterten BWA von Lexware eine eigenständige Kategorie bilden.

Tipp

Im Detail können zwischen den verschiedenen Buchhaltungsprogrammen Unterschiede in der Kostenzuordnung vorliegen. Ich empfehle Ihnen: Machen Sie sich damit vertraut, welchen Positionen die nicht so eindeutig zu kategorisierenden Konten in Ihrem Programm zugeordnet sind. Das wird Ihnen helfen, wenn Sie die Ertragslage Ihres Unternehmens auswerten.

Die Zwischengröße »Gesamtkosten«

Die Gesamtkosten sind eine wichtige Zwischengröße der betriebswirtschaftlichen Erfolgsauswertung. Zunächst müssen Sie sich klarmachen, was genau zu den Gesamtkosten gehört. Der Begriff suggeriert Ihnen wahrscheinlich, dass es sich hier um eine Zusammenfassung aller Kosten, die im Unternehmen angefallen sind, handelt. Tatsächlich beinhaltet die Zwischengröße »Gesamtkosten« aber nur die Positionen von Zeile 9 »Personalkosten« bis Zeile 21 »sonstige Kosten«. Die Material- und Warenkosten sind in der Kostenstatistik I nicht Teil der Gesamtkosten. Die Gesamtkosten geben also einen Überblick darüber, welche betriebsbedingten Aufwendungen im Unternehmen angefallen sind – ausgenommen der Material- und Warenaufwand.

Alle neutralen Aufwendungen, Zinsaufwendungen sowie die Steuern vom Einkommen und Ertrag finden sich dann am Schluss der Kostenstatistik I und sind ebenso kein Teil dieses Gesamtkostenblocks.

Wenn man in der Praxis eine BWA genau analysiert, sollte man zunächst, bevor die einzelnen Gesamtkosten detaillierter betrachtet werden, einen Blick auf deren Höhe im Vergleich zum gesamten bisherigen Geschäftsjahr werfen und von dort ausgehend analysiert man dann die Zusammensetzung der Einzelwerte.

Den Wert »Gesamtkosten« brauchen wir später noch einmal für die Kennzahlenanalyse mithilfe der Spaltenwerte.[22] Übrigens, in Spalte 4 der Kostenstatistik I sehen Sie, dass wir uns noch etwas genauer mit den Gesamtkosten auseinandersetzen werden, wenn es um die Kennzahlenanalyse mithilfe der Erfolgsauswertung geht, da die Kennzahlenspalte »% Ges.-Kosten« einzelne BWA-Positionen ins Verhältnis zu den Gesamtkosten setzt.

Beispielunternehmen Don Bardo

Auszug aus der Kostenstatistik I mit Kontenausweis Juni		
	Juni	**Jahresverkehrszahlen bis Ende Juni**
	Saldo	**Saldo**
06670 Reisekosten Unternehmer	-350,00 EUR	-1.200,00 EUR
06821 Fortbildungskosten	-2.100,84 EUR	-2.100,84 EUR
Gesamtkosten	**17.141,05 EUR**	**86.077,34 EUR**

Bei Johann Bardo betragen die Gesamtkosten für den Monat Juni 17.141,05 EUR. Vergleichen wir diesen Wert mit den durchschnittlichen Gesamtkosten im bisherigen Geschäftsjahr:

86.077,34 für den Zeitraum Jan bis Juni
abzgl. 17.141,05 EUR für Juni
ergibt 68.936,29 EUR für Jan bis Mai
Durchschnitt 13.787,25 EUR für Jan bis Mai.

Die Gesamtkosten des Monats Juni sind also wesentlich höher als der durchschnittliche Monatswert der letzten fünf Monate. Um nun herauszufinden, warum der Juni-Wert höher ist, müssen die einzelnen Gesamtkostenposten und die zugehörigen Buchungskonten im Auswertungswertungszeitraum mit den Jahresverkehrszahlen verglichen werden. Dabei zeigt sich, dass der Anstieg hauptsächlich durch die Weiterbildungsreise und die Reisetätigkeit im Juni entstanden ist, da sowohl die Reisekosten als auch die Fortbildungskosten überproportional gestiegen sind.

4.2.5 Das Betriebsergebnis

Eine weitere interessante Zwischenergebnisgröße ist das Betriebsergebnis. Sie finden es in Zeile 23. Es ist das Ergebnis von betrieblichem Rohertrag abzüglich Gesamtkosten.

22 Siehe Kapitel 4.3.2 »Kennzahl ›Prozent Gesamtkosten‹«.

Beispielunternehmen Don Bardo

Auszug aus der Kostenstatistik I (ohne Kontenausweis) Juni	
	Saldo Juni
Betriebl. Rohertrag	**20.895,57 EUR**
Personalkosten	6.590,40 EUR
Raumkosten	1.134,45 EUR
Betriebl. Steuern	31,00 EUR
Versicherungen/Beiträge	220,00 EUR
Telefonkosten	240,00 EUR
Fahrzeugkosten	635,26 EUR
Reisekosten	734,00 EUR
Geschenke	21,01 EUR
Bewirtungskosten	134,45 EUR
Kosten Warenabgabe	500,00 EUR
Abschreibungen	1.750,00 EUR
Reparatur/Instandhaltung	453,78 EUR
Sonstige Kosten	4.696,70 EUR
Gesamtkosten	**17.141,05 EUR**
Betriebsergebnis	**3.754,52 EUR**

Das Betriebsergebnis ist das Ergebnis aus der Geschäftstätigkeit. Es ist die zentrale Ergebnisgröße der regelmäßigen Geschäftstätigkeit des Unternehmens. Sondereinflüsse wie neutrale Aufwendungen, neutrale Erträge oder Steuern vom Einkommen und Ertrag werden dabei ebenso wenig berücksichtigt wie andere Sachverhalte, die mit der reinen Geschäftstätigkeit nichts zu tun haben – wozu beispielsweise Beteiligungserträge oder die Erlöse aus dem Verkauf von Sachanlagevermögen gehören. Möchten Sie also wissen, wie hoch das Unternehmensergebnis ist, das direkt durch die Geschäftstätigkeit des Unternehmens entstanden ist, dann ziehen Sie das Betriebsergebnis zu Rate.

4.2.6 Der neutrale Aufwand gesamt

Der »Neutrale Aufwand gesamt«[23] weist die Summe von

- Zinsaufwand und
- sonstigem neutralem Aufwand aus.

23 Diese Position wird im Buchhaltungsprogramm von Lexware als »Neutr. Aufwand Ges.« bezeichnet.

Er umfasst also Aufwendungen, die sich aus dem Finanzierungsbereich des Unternehmens ergeben oder wegen anderer, später erläuterter Gründe nicht zu den betrieblichen Aufwendungen des Kerngeschäfts zählen.

Zinsaufwand

Zu den Zinsaufwendungen des Unternehmens sind sowohl langfristige als auch kurzfristige Zinsaufwendungen zu zählen. Neben Zinsen, die für langfristige Darlehen anfallen, gehören auch Kontokorrentzinsen zu dieser Rubrik. In der Kostenstatistik I sind dies z. B. folgende Buchungskonten:

Konto-Nummer SKR 04	Bezeichnung
7300	Zinsen und ähnliche Aufwendungen
7303	Steuerlich abzugsfähige andere Nebenleistungen zu Steuern
7305	Zinsaufwendungen § 233a AO abzugsfähig
7310	Zinsaufwendungen für kurzfristige Verbindlichkeiten
7320	Zinsaufwendungen für langfristige Verbindlichkeiten

Hinweis

Unter der Kontenbezeichnung »steuerlich abzugsfähige andere Nebenleistungen zu Steuern« versteht man z. B. die Stundungszinsen, die an das Finanzamt für gestundete Steuern gezahlt werden müssen.

Sonstiger neutraler Aufwand

Die nächste Position in der Kostenstatistik I ist der »Sonstige neutrale Aufwand«.[24] Neutrale Aufwendungen sind, wie der Name schon sagt, neutral. Sie betreffen nicht den Kern der Unternehmenstätigkeit, kommen aber im betrieblichen Alltagsleben trotzdem vor. Sie können z. B.

- außerordentlich,
- betriebsfremd oder
- periodenfremd sein.

Diese Unterscheidung kommt ursprünglich aus der Kosten- und Leistungsrechnung. Für das Verständnis der neutralen Aufwendungen sollten Sie sich bewusst machen, was unter außerordentlichen, betriebsfremden oder periodenfremden Aufwendungen zu verstehen ist.

24 Diese Position wird im Buchhaltungsprogramm von Lexware als »Sonst. neutr. Aufwand« bezeichnet.

Außerordentliche Aufwendungen sind Aufwendungen, die zwar im Zusammenhang mit dem betrieblichen Leistungserstellungsprozess stehen, die aber unregelmäßig oder nur einmalig anfallen wie z. B. Hochwasserschäden. Sie werden übrigens auf das Kt. 7552 »Verluste durch außergewöhnliche Schadensfälle« gebucht. **Betriebsfremde Aufwendungen** sind Aufwendungen, die keinen Bezug zum Betrieb an sich haben, während bei **periodenfremden Aufwendungen** Aufwand vorliegt, der wirtschaftlich nicht der aktuellen Periode zugeordnet werden kann. Der Einfluss derartiger Aufwendungen auf das Ergebnis soll in der Erfolgsauswertung separat gezeigt werden.

Zu den sonstigen neutralen Aufwendungen werden in der Kostenstatistik I zum Beispiel folgende Buchungskonten gerechnet:

Konto-Nummer SKR 04	Bezeichnung
6967	Sonstige Aufwendungen betriebsfremd und regelmäßig
7551	Verluste durch Verschmelzung und Umwandlung
7552	Verluste durch außergewöhnliche Schadensfälle

In dieser Aufwandskategorie unterscheidet sich die Kostenzusammensetzung bei den verschiedenen BWA-Arten wieder deutlich.

In der einfachen BWA von Lexware werden auch Konten wie Kt. 6350 »sonstige Grundstücksaufwendungen« oder Kt. 6390 ff. »Zuwendungen, Spenden für diverse Zwecke« und das Kt. 6889 »Erlöse Sachanlageverkäufe (bei Buchverlust)« zu den neutralen Aufwendungen gerechnet.

Die Kostenstatistik I dagegen weist als neutrale Aufwendungen die Erlöse aus Sachanlageverkäufen bei Buchverlust als negativen Betrag bei den sonstigen neutralen Erträgen aus. Das klingt jetzt alles in allem doch etwas kompliziert. Ich empfehle Ihnen daher besonders mit Blick auf diese Kategorie, dass Sie sich für Analysezwecke die Zusammensetzung der BWA-Position mithilfe des Kontennachweises oder der SuSa[25] unbedingt genauer ansehen sollten.

Das Zwischenergebnis »Neutraler Aufwand gesamt«

Diese Zeile stellt ein Zwischenergebnis dar, nämlich die Summe aus den Zinsaufwendungen und den sonstigen neutralen Aufwendungen.

Sie können also über diese BWA-Position sehen, inwieweit sich neutrale Aufwendungen auf das vorläufige Ergebnis Ihres Unternehmens ausgewirkt haben.

25 Zur SuSa siehe im Detail das Kapitel 3.1.2 »Vom Geschäftsvorfall zur BWA«.

Beispielunternehmen Don Bardo

Auszug aus der Kostenstatistik I (ohne Kontenausweis) Juni	
	Saldo Juni
Neutr. Aufwand Ges.	186,66 EUR

Beim Betrachten der Kostenstatistik I mit Kontenausweis sehen Sie, dass sich die gesamten neutralen Aufwendungen des Monats Juni aus Kt. 7320 »Zinsaufwendungen für langfristige Verbindlichkeiten« zusammensetzen.

4.2.7 Der neutrale Ertrag gesamt

Das Spiegelbild zur Position »Neutraler Aufwand gesamt« im Ertragsbereich stellt der »Neutrale Ertrag gesamt«[26] dar. Ebenso wie die neutralen Aufwendungen beinhaltet dieser Posten Konten aus dem Finanzierungsbereich und weitere Erträge, die nichts mit der betrieblichen Kerntätigkeit zu tun haben:

- Zinserträge und
- sonstige neutrale Erträge.

Zinserträge
Alle betrieblichen Zinserträge finden sich in dieser Kategorie. Dies betrifft z. B.:

Konto-Nummer SKR 04	Bezeichnung
7100	Sonstige Zinsen und ähnliche Erträge
7105	Zinserträge § 233a AO, steuerpflichtig
7130	Diskonterträge

Sonstige neutrale Erträge
Zu den sonstigen neutralen Erträgen[27] gehören – analog zu den sonstigen neutralen Aufwendungen – Erträge, die

- außerordentlich,
- betriebsfremd oder
- periodenfremd sind.

Unterscheiden kann man diese drei verschiedenen neutralen Erträge wieder dadurch, dass die außerordentlichen Erträge nicht regelmäßig sind, die betriebsfremden Erträ-

26 Diese Position wird im Buchhaltungsprogramm von Lexware als »Neutr. Ertrag Ges« bezeichnet.
27 Diese Position wird in Buchhaltungsprogramm von Lexware als »Sonst. neutr. Erträge« bezeichnet.

ge nicht in Zusammenhang mit dem Kerngeschäft des Unternehmens stehen und die periodenfremden Erträge wirtschaftlich nicht der aktuellen Berichtsperiode zuzuordnen sind.

In der Kostenstatistik I von Lexware umfasst diese Rubrik u.a. folgende Arten von Erträgen:

Konto-Nummer SKR 04	Bezeichnung
4840	Erträge aus der Währungsumrechnung
4845	Erträge aus Verkäufen Sachanlagevermögen 19 % (bei Buchgewinn)
4960	Periodenfremde Erträge
7000	Erträge aus Beteiligungen

Beispielunternehmen Don Bardo

Auszug aus der Kostenstatistik I mit Kontenausweis Juni		
	Juni	Jahresverkehrszahlen bis Ende Juni
	Saldo	Saldo
Sonst. neutr. Erträge		4.200,68 EUR
04845 Erlöse Sachanlageverkäufe 19 % USt	0,00 EUR	4.201,68 EUR
04855 Abgänge Sachanlagen Restbuchwert	0,00 EUR	-1,00 EUR

Bei Johann Bardo liegen im Monat Juni laut Kostenstatistik I keine sonstigen neutralen Erträge vor. Betrachtet man die Jahresverkehrszahlen, sieht man den Ausweis der Erträge des bisherigen Jahres. Sie zeigen den Ertrag aus der Veräußerung eines Firmenfahrzeugs in Höhe von 4.200,68 EUR. Wie Sie sehen, wird der Erlös um den noch vorhanden gewesenen Restbuchwert von 1,00 EUR gekürzt.

Auch in dieser Ertragskategorie unterscheidet sich die Zusammensetzung der Werte in den verschiedenen BWA-Arten voneinander. In der einfachen BWA von Lexware wird an dieser Stelle beispielsweise auch das Kt. 4970 »Versicherungsentschädigungen« aufgeführt – anders als bei der Kostenstatistik I.

Das Zwischenergebnis »Neutraler Ertrag gesamt«

Wie bei den neutralen Aufwendungen werden auch im Ertragsbereich die gesamten neutralen Erträge in einer Zeile zusammengefasst. Der Wert in dieser Zeile ergibt sich folglich aus den Zinserträgen und den sonstigen neutralen Erträgen.

4.2.8 Das Ergebnis vor Steuern

Das Ergebnis vor Steuern ist die vorletzte Ergebnisgröße der Kostenstatistik I. Es zeigt, wie das Unternehmensergebnis ohne Einfluss von Steuern auf Einkommen und Ertrag ist. Ganz frei von steuerlichen Einflüssen ist dieses Zwischenergebnis jedoch nicht, da im Gesamtkostenblock in der Zeile 11 »Betriebl. Steuern« die betrieblichen Steuern aufgeführt und somit im »Ergebnis vor Steuern« enthalten sind.

So setzt sich das »Ergebnis vor Steuern« zusammen:

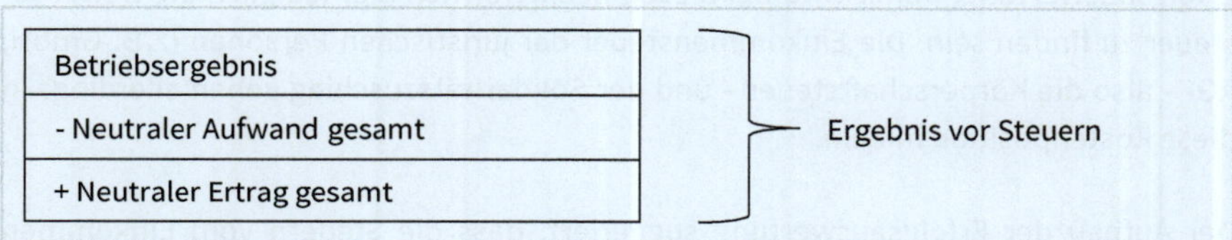

Abb. 11: Ergebnis vor Steuern

4.2.9 Das vorläufige Ergebnis

Das vorläufige Ergebnis[28] ist für den Leser einer BWA oftmals die wichtigste Größe der Kostenstatistik I, zeigt es doch, was am Ende des Auswertungszeitraums als Ergebnis übriggeblieben ist.

Ausgehend vom

- Ergebnis vor Steuern vermindert um
- Steuern vom Einkommen und Ertrag[29]

stellt das vorläufige Ergebnis das Resultat eines Auswertungszeitraums – vor Erfassung von Jahresabschlussbuchungen – dar. Bei den Steuern vom Einkommen und Ertrag gibt es aber eine Besonderheit zu beachten, die ich Ihnen nachfolgend gerne erläutern möchte.

Steuern vom Einkommen und Ertrag

Unter Steuern vom Einkommen und vom Ertrag weist die Kostenstatistik I beispielsweise folgende Buchungskonten aus:

Konto-Nummer SKR 04	Bezeichnung
7600	Körperschaftsteuer

28 Diese Position wird im Buchhaltungsprogramm von Lexware als »Vorl. Ergebnis« bezeichnet.

29 Diese Position wird im Buchhaltungsprogramm von Lexware als »Steuern Einkommen und Ertrag« bezeichnet.

Konto-Nummer SKR 04	Bezeichnung
7608	Solidaritätszuschlag
7610	Gewerbesteuer

Wie bereits beschrieben, haben die Einkommensteuer und falls festgesetzt der Solidaritätszuschlag, die auf den Gewinn von Einzelunternehmern und Gesellschaftern von Personengesellschaften erhoben werden, keine Auswirkung auf das Ergebnis der Erfolgsauswertung. Daher wird bei diesen Rechtsformen hier lediglich die Gewerbesteuer zu finden sein. Die Einkommensteuer der juristischen Personen (z. B. GmbH, AG) – also die Körperschaftsteuer – und der Solidaritätszuschlag gehen allerdings in diese Kostenposition mit ein.

Der Aufbau der Erfolgsauswertung suggeriert, dass die Steuern vom Einkommen und Ertrag das Ergebnis vor Steuern mindern und zum vorläufigen Ergebnis führen. Aber seien Sie sich bitte bewusst: Das Verhältnis von »Ergebnis vor Steuern« und den gebuchten Vorauszahlungen ist nicht ganz stimmig. Was heißt das? Die in der Buchhaltung üblicherweise als Vorauszahlung gebuchten Beträge beziehen sich auf das Ergebnis des Vorjahres und »passen« somit nicht zum aktuellen Ergebnis. Woher stammen diese Beträge? Zunächst einmal ist wichtig zu wissen, dass mit einem Einkommensteuer- oder Körperschaftsteuerbescheid auch Vorauszahlungsbescheide einhergehen können. Der Sinn von Vorauszahlungen ist, dass das Finanzamt nicht jedes Jahr auf die »Endabrechnung«, also die Ermittlung des Gewinns und somit der Steuerlast, warten will, sondern schon unterjährig Vorauszahlungen auf die zu erwartende Steuerlast vom Steuerpflichtigen zu entrichten sind.

Das Problem ist folgendes: Wenn in der Buchhaltung keine weiteren Schritte unternommen werden, entsprechen die Beträge der unterjährig gebuchten Steuern den *Vorauszahlungen* auf diese Steuern. Die Höhe der festgesetzten Vorauszahlungen wird wiederum über den Gewinn des letzten Steuerbescheids bestimmt, sodass die Vorauszahlungen grundsätzlich dem aktuellen Gewinn hinterherhinken.

Sie kennen sie vermutlich ohnehin, trotzdem – das sind die Vorauszahlungstermine:

Körperschaftsteuer und Solidaritätszuschlag	10.03.	10.06.	10.09.	10.12.
Gewerbesteuer	15.02.	15.05.	15.08.	15.11.

Ich möchte dieses Thema mit folgendem Beispiel veranschaulichen:

Beispiel

Da Herr Bardo ein Einzelunternehmen führt, das nicht der Körperschaftsteuer unterliegt, sehen wir uns für dieses Beispiel ausnahmsweise nicht die Firma »Don Bardo« an, sondern die X-AG.

Im Körperschaftsteuerbescheid der X-AG vom 30. Juni 2023, der auf der Körperschaftsteuererklärung der X-AG für das Jahr 2022 basiert (die Körperschaftsteuerschuld für 2022 beträgt 10.000,00 EUR), wurden Körperschaftsteuervorauszahlungen für das Jahr 2023 von insgesamt 10.000,00 EUR festgesetzt, da die Körperschaftsteuervorauszahlungen in Summe der Körperschaftsteuerschuld der letzten Veranlagung entsprechen sollen.

Aufgrund des Körperschaftsteuerbescheids vom Jahr 2021, in dem Körperschaftsteuern in Höhe von 6.000,00 EUR festgesetzt sind, wurden bis zum Juni 2023 Vorauszahlungen in Höhe von vierteljährlich 1.500,00 EUR bezahlt. Die X-AG hat im Jahr 2023 bereits zweimal 1.500,00 EUR geleistet (zum 10.03.2023 und zum 10.06.2023).

Wegen des neuen Körperschaftsteuerbescheids für 2022 vom 30.06.2023 muss nun für das Jahr 2023 insgesamt ein höherer Betrag als die auf Basis des Bescheids für 2021 festgelegte Summe vorausbezahlt werden, nämlich 10.000,00 EUR.

Vorauszahlungssoll 2023: 10.000,00 EUR
Geleistete Vorauszahlung 10.03.2023: 1.500,00 EUR
Geleistete Vorauszahlung 10.06.2023: 1.500,00 EUR
Noch offener Betrag für die Vorauszahlungstermine 10.09.2023 und 10.12.2023:
10.000,00 EUR abzgl. 2 × 1.500,00 EUR = 7.000,00 EUR

Die Beträge für die beiden noch ausstehenden Vorauszahlungen betragen somit:
Vorauszahlungssoll für 10.09.2023: 7.000,00 EUR/2 = 3.500,00 EUR
Vorauszahlungssoll für 10.12.2023: 7.000,00 EUR/2 = 3.500,00 EUR

Das heißt, in Summe kommt die X-AG im Jahr 2023 auf ein Vorauszahlungssoll von 2 × 1.500,00 EUR + 2 × 3.500,00 EUR = 10.000,00 EUR, also genau die Vorauszahlungen in Höhe der Körperschaftsteuerschuld 2022.

Übrigens, wenn die Vorauszahlungen nur zu deren Zahlungsterminen erfasst und verbucht und nicht auch noch unterjährig abgegrenzt werden, belastet das die betroffenen monatlichen Auswertungen übermäßig, während die restlichen Auswertungen keine Vorauszahlungsanteile ausweisen.

Fazit

1. Auch bei den Steuervorauszahlungen ist es unabdingbar, dass diese gleichmäßig auf das Geschäftsjahr verteilt werden, um eine unterjährig ausgewogene Darstellung der Auswirkungen von Steuervorauszahlungen zu garantieren.
2. Selbst bei unterjähriger Abgrenzung der Steuervorauszahlungen können die aufgrund des Vorauszahlungsbescheids des Finanzamts erfassten Steuervorauszahlungen nicht genau zu der monatlichen Auswertung passen, weil die festgesetzten Vorauszahlungen in der Regel auf dem Gewinn des letzten Steuerbescheids (meist Vorjahr) basieren und nicht auf den aktuellen BWA-Daten. Eine Anpassung der Vorauszahlungen kann zwar beim Finanzamt beantragt werden, aber selbst dann korrelieren die Vorauszahlungen nicht exakt mit dem aktuellen Gewinn. Eine selbst ermittelte Steuerschuld für jeden einzelnen Monat, sobald das jeweilige Ergebnis vor Steuern feststeht, wäre zwar im Sinne einer korrekten BWA wünschenswert, ist aber im alltäglichen Unternehmensbetrieb mit erheblichem Aufwand bzw. bei Beauftragung eines Steuerberaters höchstwahrscheinlich mit Mehrkosten verbunden.

Das Endergebnis »Vorläufiges Ergebnis«

Kommen wir nun zu der Zeile, der in der Kostenstatistik I oft die meiste Aufmerksamkeit geschenkt wird: das vorläufige Ergebnis. Viele Unternehmer interessieren sich ausschließlich dafür, was »rauskommt«, also für das, was ganz unten in der Kostenstatistik I als Ergebnis steht.

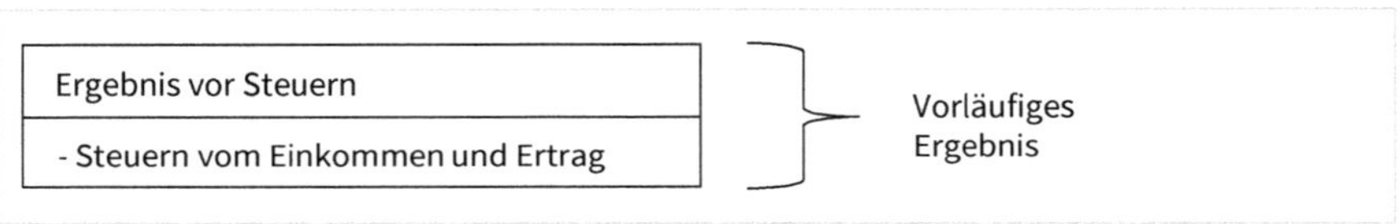

Abb. 12: Vorläufiges Ergebnis

Warum heißt das Ergebnis eigentlich »vorläufiges Ergebnis«? Das hat damit zu tun, dass in der betriebswirtschaftlichen Auswertung ja noch die Abschlussbuchungen, die im Rahmen der jährlichen Jahresabschlusserstellung vorgenommen werden, fehlen. Wenn Sie an das Kapitel 3 »Wie Sie eine aussagekräftige BWA erstellen« zurückdenken, können Sie sich gewiss vorstellen, dass die Differenzen zwischen der betriebswirtschaftlichen Auswertung und dem Jahresabschluss umso geringer ausfallen, je genauer die unterjährige Buchführung gemacht wird. Haben Sie also bei den monatlichen Kostenstatistiken I beispielsweise bereits an die Verbuchung der Abschreibungen und monatlichen Abgrenzungen sowie an die korrekte Erfassung des Warenverbrauchs gedacht, haben Sie schon einige potenzielle Differenzposten vermieden.

Das vorläufige Ergebnis gibt Ihnen nun einen Überblick darüber, wie erfolgreich Ihr Unternehmen im Auswertungszeitraum gearbeitet hat. Die Größe »Vorläufiges Ergebnis« begegnet uns übrigens wieder in Kapitel 5 »Herkunft und Verwendung der Mittel

– die Bewegungsbilanz«, denn dort wird das, was Sie verdient haben, als Teil der Mittelherkunft Ihres Unternehmens betrachtet.

Zum Abschluss dieses Kapitels sehen wir uns an, welches vorläufige Ergebnis Johann Bardo im ersten halben Jahr erwirtschaftet hat:

Beispielunternehmen Don Bardo

Auszug aus der Kostenstatistik I (ohne Kontenausweis) Juni		
	Juni	**Jahresverkehrszahlen bis Ende Juni**
	Saldo	**Saldo**
Vorl. Ergebnis	3.492,86 EUR	32.604,54 EUR

Das vorläufige Ergebnis für den Zeitraum Januar bis Juni beträgt 32.604,54 EUR. Zieht man 3.492,86 EUR für Juni ab, ergeben sich 29.111,68 EUR für den Zeitraum von Januar bis Mai.

Der monatliche Durchschnitt für Januar bis Mai beträgt 5.822,34 EUR.

Das vorläufige Ergebnis von Juni in Höhe von 3.492,86 EUR liegt deutlich unter dem durchschnittlichen vorläufigen Monatsergebnisses des bisherigen Jahres von 5.822,34 EUR. Die Gründe dafür muss Herr Bardo nun herausfinden. Dabei helfen ihm die Kennzahlen, die er ebenfalls der Kostenstatistik I entnehmen kann.

Was genau hat es mit den im Beispiel erwähnten Kennzahlen auf sich? Das erfahren Sie in den folgenden beiden Kapiteln. Zunächst stelle ich Ihnen in Kapitel 4.3 die Kennzahlen, die Ihnen die Kostenstatistik I zur Verfügung stellt, detailliert vor. Im daran anschließenden Kapitel 4.4 veranschaulicht ein ausführliches Beispiel, wie eine Kennzahlenanalyse in der Praxis aussehen könnte.

4.3 Erweiterte BWA – Kennzahlen als wertvolle Analyseinstrumente

Nachdem Sie die einzelnen Werte und Positionen der erweiterten BWA im Detail kennengelernt haben, widmen wir uns nun den vom Buchhaltungsprogramm berechneten Kennzahlen zur Ertragslage Ihres Unternehmens. Diese Kennzahlen werden in den Spalten der Kostenstatistik I dargestellt. Sie sind neben den für die BWA-Positionen ausgewiesenen absoluten Euro-Beträgen ein weiteres Analyseinstrument zur Erfolgsauswertung. Leider werden diese Kennzahlen beim Betrachten der Kostenstatistik I meist sehr stiefmütterlich behandelt. Zu unübersichtlich scheint das »Zahlen-Wirrwarr« auf den ersten Blick. Dabei bieten die Kennzahlen eine Fülle an Informationen, die Sie auf keinen Fall ignorieren sollten.

In den Kennzahlenspalten wird jeweils ein Wert der Kostenstatistik I als Bezugsgröße mit 100% festgesetzt. In der Spalte »% Ges.-Leistung« wird folglich die Gesamtleistung mit 100% festgesetzt, in der Spalte »% Ges.-Kosten« der Wert Gesamtkosten mit 100% usw. Die anderen Werte der BWA werden dann ins Verhältnis zu diesen Bezugsgrößen gesetzt und es wird ihr prozentualer Anteil gegenüber dem Bezugswert von 100% angegeben.

Zunächst einmal gilt es, sich mit dem allgemeinen Aufbau und der Gliederung der Spalten, in denen die Kennzahlen dargestellt werden, vertraut zu machen. Die Spalten sind in zwei große Blöcke gegliedert. Die Wertespalten für den aktuellen Auswertungszeitraum und die Wertespalten für die kumulierten Werte des jeweiligen Jahres bis zum Ende des Auswertungszeitraums. Als Auswertungszeitraum kann ja entweder ein bestimmter Monat, ein bestimmtes Quartal oder das gesamte Wirtschaftsjahr ausgewählt werden.

Auszug aus der Kostenstatistik I Juni: Wertespalten für den aktuellen Zeitraum Juni				
Juni				
Saldo	**% Ges.-Leistung**	**% Ges.-Kosten**	**% Pers.-Kosten**	**Aufschl.**

Auszug aus der Kostenstatistik I Juni: Wertespalten für die kumulierten Werte				
Jahresverkehrszahlen bis Ende Juni				
Saldo	**% Ges.-Leistung**	**% Ges.-Kosten**	**% Pers.-Kosten**	**Aufschl.**

Wie Sie eben gesehen haben, sind die beiden Blöcke »Aktueller Zeitraum« und »Jahresverkehrszahlen« gleich aufgebaut. Bevor wir uns mit den jeweiligen Werten genauer beschäftigten, möchte Ihnen zunächst einen kurzen Überblick über die einzelnen Spalten geben:

- Spalte »Saldo«: Sie zeigt den Wert der jeweiligen Gliederungsposition in Euro.
- Spalte »% Ges.-Leistung«: Sie zeigt den prozentualen Anteil der Erträge/Aufwendungen/Ergebnisse bezogen auf die Gesamtleistung (100%).
- Spalte »% Ges.-Kosten«: Hier sehen Sie den prozentualen Anteil der Erträge/Aufwendungen/Ergebnisse bezogen auf die Gesamtkosten (100%).

- Spalte »% Pers.-Kosten«: Diese Spalte zeigt den prozentualen Anteil der Erträge/Aufwendungen/Ergebnisse bezogen auf die Personalkosten (100%).
- Spalte »Aufschl.«: Sie zeigt den Aufschlag auf den Materialeinsatz (Mat./Warenverbr. = 100%) und dient in erster Linie dazu, die Kalkulation Ihres Unternehmens zu überprüfen.

Innerhalb der beiden Blöcke ist – wie bereits erwähnt – die Gliederung identisch. Zunächst werden die Salden der jeweiligen Zeilenpositionen in absoluten Euro-Beträgen aufgeführt. Daran schließen sich die Kennzahlen zur Gesamtleistung »% Ges.-Leistung«, zu den Gesamtkosten »% Ges.-Kosten«, zu den Personalkosten »% Pers.-Kosten« und »Aufschlag« auf den Material- und Wareneinsatz an.

Es gibt einen Vorteil, wenn die Kennzahlenwerte in Prozent angegeben sind: Die Zahlen lassen sich dadurch besser und schneller vergleichen – und zwar sowohl unternehmensintern über den Zeitablauf als auch unternehmensextern mit anderen Unternehmen derselben Branche bzw. mit den Branchendurchschnittswerten.

Die Kennzahlen bieten Ihnen einen schnellen Überblick darüber, wo Ihr Unternehmen zu einem bestimmten Zeitpunkt gerade steht. Dabei ist es besonders hilfreich, dass die Kostenstatistik I die Kennzahlen sowohl für den Auswertungszeitraum als auch kumuliert für das bisherige Wirtschaftsjahr aufführt. So können die einzelnen Kennzahlen auch immer mit den Kennzahlen der bisherigen Unternehmensentwicklung verglichen werden.

Spalte mit den Bezeichnungen
Die in der Kostenstatistik I angegebenen Positionen und deren Gliederung wurde im vorherigen Kapitel 4.2 »Erweiterte BWA – die umfassende Kostenstatistik I« bereits ausführlich besprochen.

Spalte Saldo
Die Spalte Saldo beinhaltet die absoluten Euro-Beträge der jeweiligen Positionen.

4.3.1 Kennzahl »Prozent Gesamtleistung«

Die erste Spalte im Kennzahlenbereich heißt »Prozent Gesamtleistung«.[30] In Spalte 3 wird diese Kennzahl für den jeweiligen Auswertungszeitraum ausgegeben, in Spalte 8 für den kumulierten Zeitraum des kompletten bisherigen Jahres. Jede der folgenden Kennzahlenspalten hat, wie bereits erläutert, eine andere Bezugsgröße. Hier ist die Referenzgröße die Gesamtleistung des Unternehmens, die mit 100% festgesetzt wird.

30 Diese Spalte wird im Programm *Lexware buchhaltung plus* als »% Ges.-Leistung« bezeichnet.

Zur Erinnerung, die Gesamtleistung wird folgendermaßen ermittelt:

Umsatzerlöse
+ Bestandsveränderungen FE/UE
+ Aktivierte Eigenleistungen
= Gesamtleistung

Alles, was im betrieblichen Leistungserstellungsprozess geschaffen wurde, gehört zur Gesamtleistung. Das umfasst die Umsatzerlöse genauso wie die Lagerbestandsänderung oder die für das Unternehmen selbst erstellten Anlagegüter.

Die Kennzahlenspalte »% Ges.-Leistung« setzt nun einige Positionen der Kostenstatistik I ins Verhältnis zur Gesamtleistung und weist dieses Verhältnis dann in der Spalte »Gesamtleistung« in der jeweiligen Zeile als prozentualen Anteil gegenüber der Gesamtleistung aus. Dabei werden also Aufwandspositionen, Ergebnisgrößen oder vielleicht auch der Anteil der einzelnen Komponenten der Gesamtleistung selbst zur gesamten erbrachten Leistung betrachtet.

Einzelne Gesamtleistungskomponenten zu Gesamtleistung

Bevor wir uns mit den verschiedenen Kennzahlen näher beschäftigen, möchte ich Ihnen einen Hinweis geben:

Hinweis

Was bedeutet die Formulierung »Gesamtleistungskomponenten zu Gesamtleistung«? Sie beschreibt, wie die Kennzahlen berechnet werden: Das geschieht, indem die einzelnen Zeilenwerte ins Verhältnis zur jeweiligen Bezugsgröße der Spalte, also hier zur Bezugsgröße Gesamtleistung = 100 %, gesetzt werden.

Lassen Sie uns zunächst einen Blick auf die Kostenstatistik I von Johann Bardo werfen:

Beispielunternehmen Don Bardo

Betrachten wir die Kostenstatistik I von Johann Bardo. In der Spalte »% Ges.-Leistung« finden wir folgende Werte:

Auszug aus der Kostenstatistik I Juni		
	Juni	**Jahresverkehrszahlen bis Ende Juni**
	% Ges.-Leistung	**% Ges.-Leistung**
Umsatzerlöse	100,00	100,00
Bestandsveränderungen FE/UE		
Aktivierte Eigenleistungen		
Gesamtleistung	**100,00**	**100,00**

Die Umsatzerlöse haben einen Anteil von 100,00 % an der Gesamtleistung. Das bedeutet, die gesamte Leistung des Unternehmens geht auf die Umsatzerlöse zurück. Da keine selbst erstellten Wirtschaftsgüter und keine fertigen oder unfertigen Erzeugnisse vorliegen, beträgt deren Anteil an der Gesamtleistung natürlich 0,00 %.

Aus dem Verhältnis der Gesamtleistungskomponenten zur Gesamtleistung lässt sich schnell ableiten, aus welchen Positionen sich die gesamte Leistung des Unternehmens zusammensetzt. Sie sehen auf einen Blick, welchen Anteil des betrieblichen Leistungserstellungsprozesses die Umsatzerlöse ausmachen, wie viel auf Lager produziert wurde und welcher Anteil der unternehmerischen Leistung auf die für das Unternehmen selbst erstellten Wirtschaftsgüter entfallen ist.

Aufwendungen zu Gesamtleistung

In der Spalte »% Gesamtleistung« werden auch die Aufwands- bzw. Kostenpositionen ins Verhältnis zur Gesamtleistung gesetzt. In Kapitel 4.2 »Erweiterte BWA – die umfassende Kostenstatistik I« haben Sie bereits die Zusammensetzung der einzelnen Aufwandspositionen, wie z. B. des Material- und Warenverbrauchs, der Personalkosten usw. kennengelernt. Nun werden also diese einzelnen Aufwandspositionen ins Verhältnis zur Gesamtleistung, die mit 100 % beziffert wird, gesetzt. Diese Kennzahlen dienen dazu zu erkennen, wie hoch der Anteil der jeweiligen Aufwands-/Kostenposten an der Erbringung der Gesamtleistung ist. Streben Sie Kostenreduktionen in einem bestimmten Bereich an, lassen sich über diese Kennzahlen schnell Veränderungen – sowohl zum positiven als auch zum negativen – feststellen. Die Kostenstatistik I zeigt Ihnen zu allen Aufwandspositionen das Verhältnis zur Gesamtleistung an. Betrachten wir einmal die wichtigsten Kennzahlen in diesem Bereich (was aber nicht heißt, dass es bei dem einen oder anderen Unternehmen nicht auch sinnvoll sein kann, für die Unternehmensanalyse auch die weiteren Kennzahlen im Blick zu behalten).

Material- und Warenverbrauch und Personalkosten zu Gesamtleistung

Lassen Sie uns zunächst wieder einen Blick auf die Kostenstatistik I der Firma Don Bardo werfen:

Beispielunternehmen Don Bardo

Auszug aus der Kostenstatistik I Juni				
	Juni		Jahresverkehrszahlen bis Ende Juni	
	Saldo	% Ges.-Leistung	Saldo	% Ges.-Leistung
Gesamtleistung	**48.307,84 EUR**	**100,00**	**272.967,86 EUR**	**100,00**
Mat./Warenverbr.	28.112,27 EUR	58,19	161.116,66 EUR	59,02
Personalkosten	6.590,40 EUR	13,64	39.542,40 EUR	14,49

Im Juni liegen 58,19% Material/Warenverbrauch und 13,64% Personalkosten gegenüber dem Referenzwert Gesamtleistung 100% vor.

Sie werden sich nun vielleicht fragen: »Was sagen diese Werte aus?« Um diese Frage zu beantworten, sollten Sie sich zunächst die Formeln zur Berechnung der Prozentzahlen ansehen. Sie werden mittels der folgenden Formeln berechnet:

$$\frac{\text{Material-/Warenverbrauch}}{\text{Gesamtleistung}} \times 100$$

bzw.

$$\frac{\text{Personalkosten}}{\text{Gesamtleistung}} \times 100$$

Die Gesamtleistung ist alles, was Sie im Auswertungszeitraum »geschaffen« haben. Dafür brauchen Sie Material, Waren und/oder Personal. Nun wird über das Verhältnis ausgedrückt, wie hoch die einzelnen Aufwandspositionen bezogen auf die gesamte Leistung des Unternehmens sind, also wie kostenintensiv Ihr Unternehmen im jeweiligen Aufwandsbereich arbeitet. Sie sehen also, wie hoch der Personalkostenaufwand und Material-/Warenaufwand im Vergleich zur Gesamtleistung ist oder anders ausgedrückt, diese Verhältniszahl liefert einen Eindruck davon, wie hoch die jeweiligen Kosten für die Erbringung von 1,00 EUR Gesamtleistung sind.

Beispielunternehmen Don Bardo

Für eine Gesamtleistung von 48.307,84 EUR im Monat Juni hat Herr Bardo Waren im Wert von 28.112,27 EUR und Personalkosten in Höhe von 6.590,40 EUR eingesetzt.

Für 1,00 EUR Gesamtleistung hat er also im Juni Waren im Wert von 0,58 EUR und Personalkosten in Höhe von 0,13 EUR einsetzen müssen. Demgegenüber sind im gesamten bisherigen Geschäftsjahr für 1,00 EUR Gesamtleistung Waren im Wert von 0,59 EUR benötigt worden und Personalaufwendungen von 0,14 EUR entstanden.

Es kommt natürlich auf Ihre Branche an, wie diese Kennzahlen einzuordnen sind. Ein personalkostenintensives Unternehmen wird hier einen deutlich höheren Wert beim Verhältnis der Personalkosten zur Gesamtleistung aufweisen als ein Unternehmen, das für den betrieblichen Leistungserstellungsprozess wenig Personal benötigt. Bedenken Sie dabei: Je effizienter Ihr Personal arbeitet, desto niedriger wird die Kennzahl im Personalbereich.

Hinweis

Das Verhältnis von Personalkosten zur erbrachten Gesamtleistung nennt man Personalkostenintensität bzw. Personalkostenquote. Das Verhältnis von Material-/Warenverbrauch zu Gesamtleistung wird oft als Materialkosten-/Warenintensität bzw. Material-/Warenaufwandsquote bezeichnet.

Die Begrifflichkeiten im Kennzahlenbereich sowie die Formeln sind aber nicht einheitlich. So wird in der Praxis mit der Personalkostenintensität bzw. der Personalkostenquote manchmal beispielsweise auch das Verhältnis von Personalaufwand zu Umsatz beschrieben

Beispielunternehmen Don Bardo

Im Fall von Johann Bardo sieht man deutlich, dass für die Erbringung der Gesamtleistung in der Hauptsache Material- bzw. Wareneinsatz und eher weniger Personaleinsatz erforderlich ist.

Häufig werden Personalkosten/Gesamtleistung und Mat.-/Warenverbr./Gesamtleistung als zwei Seiten einer Medaille gesehen, da sich die meisten Unternehmen entweder den personalkostenintensiven Betrieben oder eher den material- bzw. warenverbrauchsintensiven Unternehmen zuordnen lassen.

Tipp

An dieser Stelle sei nochmals erwähnt, dass es für die Analyse äußerst wichtig ist zu wissen, wie sich die einzelnen Werte der Erfolgsauswertungen zusammensetzen. Die Fremdleistungen bspw. gehören in der Kostenstatistik I von Lexware zu den sonstigen Kosten. In der einfachen BWA von Lexware werden sie dagegen in die Kategorie »Mat./Warenverbr.« eingeordnet. Sie sollten also vor der Kennzahlenanalyse stets die Zusammensetzung der BWA-Positionen überprüfen.

Denken Sie ferner daran, dass Sie Buchungskonten auch anderen Auswertungsrubriken zuordnen können, wenn Sie gerne eine andere Kontenzuordnung für bestimmte Positionen hätten.

Vergleichen Sie bei der Kennzahlenanalyse die Prozentwerte des aktuellen Zeitraums mit den Jahresverkehrszahlen bis zum Ende des Zeitraums, um negative Entwicklungen zu erkennen und frühzeitig gegenzusteuern.

Beispielunternehmen Don Bardo

Auszug aus der Kostenstatistik I Juni				
	Juni		Jahresverkehrszahlen bis Ende Juni	
	Saldo	% Ges.-Leistung	Saldo	% Ges.-Leistung
Gesamtleistung	**48.307,84 EUR**	**100,00**	**272.967,86 EUR**	**100,00**
Mat./Warenverbr.	28.112,27 EUR	58,19	161.116,66 EUR	59,02
Personalkosten	6.590,40 EUR	13,64	39.542,40 EUR	14,49

Sowohl das Verhältnis des Wareneinsatzes zur Gesamtleistung als auch das Verhältnis der Personalkosten zur Gesamtleistung hat sich bei alleiniger Betrachtung der Zahlen für Juni gegenüber dem kompletten Geschäftsjahr ein wenig verbessert (da eine Verringerung des Anteils vorliegt). Dies hängt mit der höheren Gesamtleistung Monat Juni gegenüber der durchschnittlichen Gesamtleistung der letzten 5 Monate zusammen.

Je nachdem, welcher Branche Ihr Unternehmen angehört, gibt es gewisse Branchendurchschnittswerte. Für eine Unternehmensanalyse sollten Sie die Durchschnittswerte Ihrer Branche recherchieren und mit den Werten Ihres Unternehmens vergleichen.

Stellen Sie bei einem Vergleich der Personalkostenintensität/Personalkostenquote fest, dass Ihr Unternehmen über den branchenüblichen Durchschnittswerten liegt, sollten Sie auf die Suche nach den Gründen gehen. Eventuell hat sich die Mitarbeitereffizienz verschlechtert, vielleicht verzeichnen Sie einen hohen Krankenstand oder das Lohnniveau in Ihrem Unternehmen liegt über den branchenüblichen Werten. Beachten Sie bei der Interpretation Ihrer Kennzahlen: Lohn- und Gehaltserhöhungen führen dazu, dass die Personalkostenintensität/Personalkostenquote sprunghaft ansteigt.

Besonders für Branchenvergleiche ist die Kennzahl »Mat.-Warenverbr./Gesamtleistung« interessant, gibt sie doch ein Bild darüber, ob Ihr Unternehmen im Vergleich zur Konkurrenz mit weniger Material- oder Wareneinsatz auskommt. Eine niedrigere Materialkosten-/Warenintensität bzw. Material-/Warenaufwandsquote deutet entweder auf bessere Einkaufskonditionen, einen effizienteren Material-/Wareneinsatz oder höhere Verkaufspreise hin. Entwickelt sich diese Kennzahl in Ihrem Unternehmen im Gegensatz zu anderen Branchenvertretern schlecht, sollten Sie auf die Suche nach den Gründen gehen. Gibt es etwa in Ihrem Unternehmen viel Ausschussproduktion? Wenn ja, was sind die Gründe dafür?

Gesamtkosten zu Gesamtleistung
Wichtig für die Einschätzung der Unternehmenslage ist auch das Verhältnis von Gesamtkosten zu Gesamtleistung. Die Gesamtkosten umfassen alle Aufwandspositionen bis auf den Material-/Warenverbrauch und bis auf die neutralen Aufwendungen.

Beispielunternehmen Don Bardo

Auszug aus der Kostenstatistik I mit Kontenausweis Juni	
Personalkosten	6.590,40 EUR
Raumkosten	1.134,45 EUR
Betriebl. Steuern	31,00 EUR
Versicherungen/Beiträge	220,00 EUR
Telefonkosten	240,00 EUR
Fahrzeugkosten	635,26 EUR
Reisekosten	734,00 EUR
Geschenke	21,01 EUR
Bewirtungskosten	134,45 EUR
Kosten Warenabgabe	500,00 EUR
Abschreibungen	1.750,00 EUR
Reparatur/Instandhaltung	453,78 EUR
Sonstige Kosten	4.696,70 EUR
Gesamtkosten	**17.141,05 EUR**

Die Personalkosten, deren Verhältnis zur Gesamtleistung bereits eingehend besprochen wurde, sind Teil dieser Kennzahl. Da aber die Personalkosten nicht selten den größten Teil der Gesamtkosten ausmachen, bietet es sich an, vor der Analyse der »Gesamtkosten zur Gesamtleistung« das Verhältnis Personalkosten/Gesamtleistung separat zu betrachten.

$$\text{Berechnung: } \frac{\text{Gesamtkosten}}{\text{Gesamtleistung}} \times 100$$

Die Gesamtkostenintensität spiegelt wider, wie viel Euro Gesamtkosten (exklusive Material- und Wareneinsatz) für die Erbringung von 1,00 EUR Gesamtleistung nötig waren. Da sich im Gesamtkostenblock viele fixe Kosten befinden (also Kosten, die sich nicht mit der Produktionsmenge verändern), gibt Ihnen dieses Verhältnis einen Eindruck, wie fixkostenabhängig Ihre Unternehmung ist.

Beispielunternehmen Don Bardo

Auszug aus der Kostenstatistik I Juni				
	Juni		Jahresverkehrszahlen bis Ende Juni	
	Saldo	% Ges.-Leistung	Saldo	% Ges.-Leistung
Gesamtleistung	**48.307,84 EUR**	**100,00**	**272.967,86 EUR**	**100,00**
Personalkosten	6.590,40 EUR	13,64	39.542,40 EUR	14,49
Raumkosten	1.134,45 EUR	2,35	6.806,72 EUR	2,49
Betriebl. Steuern	31,00 EUR	0,06	186,00 EUR	0,07
Versich./Beiträge	220,00 EUR	0,46	1.320,00 EUR	0,48
Telefonkosten	240,00 EUR	0,50	1.240,00 EUR	0,45
Fahrzeugkosten	635,26 EUR	1,32	3.747,70 EUR	1,37
Reisekosten	734,00 EUR	1,52	1.584,00 EUR	0,58
Geschenke	21,01 EUR	0,04	21,01 EUR	0,01
Bewirtungskosten	134,45 EUR	0,28	512,60 EUR	0,19
Kosten Warenabgabe	500,00 EUR	1,04	2.300,00 EUR	0,84
Abschreibungen	1.750,00 EUR	3,62	10.500,00 EUR	3,85
Reparat./Instandh.	453,78 EUR	0,94	703,78 EUR	0,26
sonstige Kosten	4.696,70 EUR	9,72	17.613,13 EUR	6,45
Gesamtkosten	**17.141,05 EUR**	**35,48**	**86.077,34 EUR**	**31,53**

Die Gesamtkostenintensität in Herrn Bardos Unternehmen beträgt im Juni 35,48%. Herr Bardo benötigt also 0,35 EUR Gesamtkosten, um 1,00 EUR Gesamtleistung zu erzielen. Die Gesamtkostenintensität hat sich gegenüber dem gesamten bisherigen Jahresdurchschnitt von 31,53% auf 35,48% verschlechtert. Statt 0,31 EUR für 1,00 EUR Gesamtleistung braucht er nun rund 0,04 EUR mehr. Nun gilt es, den Grund dafür herauszufinden. Vergleicht man die einzelnen Kostenintensitäten, kann man sehen, dass ein Großteil der Verschlechterung auf den Anstieg der sonstigen Kosten, der Reparatur- und Instandhaltungskosten sowie der Reisekosten zurückgeht.

Ergebnisgrößen zu Gesamtleistung

In der Spalte »% Ges.-Leistung« werden neben den Gesamtleistungskomponenten und Aufwandspositionen auch Ergebnisgrößen ins Verhältnis gesetzt. Über die Verhältnisse der verschiedenen, in der Kostenstatistik I dargestellten Ergebnisse können Sie einen Eindruck von der Rentabilität des Unternehmens gewinnen.

Rohertrag zu Gesamtleistung

Der Rohertrag ist die Differenz zwischen »Gesamtleistung« und »Mat./Warenverbr.«. Er ergibt sich folglich, wenn die Gesamtleistung um den Material- und Wareneinsatz vermindert wird. Diese Restgröße bleibt zur Deckung aller weiteren Aufwendungen (zzgl. der sonstigen betrieblichen Erlöse und neutralen Erträge). Da der Rohertrag gegenüber dem betrieblichen Rohertrag die aussagekräftigere Größe ist, beschränken wir uns an dieser Stelle auf die Behandlung des Verhältnisses Rohertrag/Gesamtleistung. Diese Kennzahl zeigt an, wie hoch der Ertrag nach Abzug von Material- und Warenkosten noch ist, wenn die Gesamtleistung mit 100 % angesetzt wird – oder anders ausgedrückt, von 1,00 EUR Gesamtleistung bleibt nach Abzug der Waren- und Materialeinsatzkosten noch ein bestimmter Betrag als Rohertrag übrig.

$$\text{Berechnung: } \frac{\text{Rohertrag}}{\text{Gesamtleistung}} \times 100$$

Beispielunternehmen Don Bardo

Auszug aus der Kostenstatistik I Juni				
	Juni		Jahresverkehrszahlen bis Ende Juni	
	Saldo	% Ges.-Leistung	Saldo	% Ges.-Leistung
Gesamtleistung	**48.307,84 EUR**	**100,00**	**272.967,86 EUR**	**100,00**
Rohertrag	**20.195,57 EUR**	**41,81**	**111.851,20 EUR**	**40,98**

Der Rohertrag zur Gesamtleistung ergibt im Juni ein Verhältnis von 41,81 % gegenüber 40,98 % im Durchschnitt des bisherigen Geschäftsjahres. Der Rohertrag hat sich im Juni also gegenüber dem Durchschnitt geringfügig verbessert, da im Juni von einer Gesamtleistung von 1,00 EUR als Rohertrag rund 0,42 EUR gegenüber 0,41 EUR im Jahresdurchschnitt übrigbleiben.

Betriebsergebnis zu Gesamtleistung

Die Größe Betriebsergebnis stellt das Ergebnis des Unternehmens frei von neutralen Ergebnisbestandteilen dar. Mit dieser Größe können Sie erkennen, was das Unternehmen aus seiner Kerntätigkeit erwirtschaften konnte. Setzt man nun dieses Betriebsergebnis ins Verhältnis zur Gesamtleistung des Unternehmens, errechnet sich eine Kennzahl, die angibt, wie rentabel Ihr betriebliches Kerngeschäft ist. Sie zeigt, welches Betriebsergebnis sich aus der eingesetzten Gesamtleistung ergibt.

Noch einmal kurz zur Erinnerung, das Betriebsergebnis ist:

Gesamtleistung
- Mat./Warenverbr.
+ So. betr. Erlöse
- Gesamtkosten
= Betriebsergebnis

$$\text{Berechnung:} \frac{\text{Betriebsergebnis}}{\text{Gesamtleistung}} \times 100$$

Beispielunternehmen Don Bardo

Auszug aus der Kostenstatistik I Juni				
	Juni		**Jahresverkehrszahlen bis Ende Juni**	
	Saldo	**% Ges.-Leistung**	**Saldo**	**% Ges.-Leistung**
Gesamtleistung	**48.307,84 EUR**	**100,00**	**272.967,86 EUR**	**100,00**
Betriebsergebnis	**3.754,52 EUR**	**7,77**	**29.973,86 EUR**	**10,98**

Das Verhältnis Betriebsergebnis/Gesamtleistung beträgt im Juni 7,77% gegenüber 10,98% im bisherigen Jahresdurchschnitt. Das bedeutet eine Verschlechterung von 3,21%.

Vergleichen Sie einmal die beiden folgenden Kennzahlen:

	Juni	**Bisheriges Geschäftsjahr**	**Differenz**
Rohertrag/Gesamtleistung	41,81%	40,98%	0,83%
Betriebsergebnis/Gesamtleistung	7,77%	10,98%	-3,21%

Während der Wert Rohertrag/Gesamtleistung im Juni noch geringfügig besser war als im Jahresdurchschnitt, hat sich das Verhältnis von Betriebsergebnis zu Gesamtleistung um rund 3 Prozentpunkte verschlechtert. Da man die sonstigen betrieblichen Erlöse außen vor lassen kann (denn deren Anteil ist proportional angestiegen), kann sich diese Verschlechterung nur aufgrund der im Juni überproportional gestiegenen Gesamtkosten ergeben haben.

Vorläufiges Ergebnis zu Gesamtleistung

Da das vorläufige Ergebnis eines Unternehmens sein Betriebsergebnis korrigiert um neutrale Aufwendungen und Erträge sowie Steuereinflüsse ist, kann nun durch den Vergleich des Verhältnisses »Vorläufiges Ergebnis/Gesamtleistung« und »Betriebsergebnis/Gesamtleistung« der Einfluss dieser neutralen Komponenten herausgearbeitet werden. Anhand dieser Kennzahl sehen Sie, wie viel Prozent Ihrer Gesamtleistung als Ergebnis verbleibt.

$$\text{Berechnung: } \frac{\text{Vorläufiges Ergebnis}}{\text{Gesamtleistung}} \times 100$$

Beispielunternehmen Don Bardo

Auszug aus der Kostenstatistik I Juni				
	Juni		Jahresverkehrszahlen bis Ende Juni	
	Saldo	% Ges.-Leistung	Saldo	% Ges.-Leistung
Gesamtleistung	**48.307,84 EUR**	**100,00**	**272.967,86 EUR**	**100,00**
Vorl. Ergebnis	**3.492,86 EUR**	**7,23**	**32.604,54 EUR**	**11,94**

Die Kennzahl Vorl. Ergebnis/Gesamtleistung im Juni hat einen Wert von 7,23% gegenüber 11,94% im bisherigen Jahresdurchschnitt. Es zeigt sich also eine Verschlechterung von 4,71%.

Noch einmal zum Vergleich:

	Juni	Bisheriges Geschäftsjahr	Differenz
Betriebsergebnis/Gesamtleistung	7,77%	10,98%	-3,21%
Vorläufiges Ergebnis/Gesamtleistung	7,23%	11,94%	-4,71%

Die noch größer gewordene Differenz zwischen Auswertungszeitraum und Jahresdurchschnitt erklärt sich, wenn Sie noch einmal die Kostenstatistik I genauer ansehen. Der Grund sind die sonstigen neutralen Erträge, welche (durch den einmaligen Verkauf von Anlagevermögen) kumuliert 4.200,68 EUR betragen haben, im Auswertungszeitraum hingegen 0,00 EUR.

4.3.2 Kennzahl »Prozent Gesamtkosten«

In der Spalte »Prozent Gesamtkosten«[31] wird nun eine andere Größe als Referenzwert mit 100% definiert. Wie Sie vielleicht aufgrund des Spaltentitels schon vermuten, ist die Bezugsgröße dieser Kennzahlenspalte die Position »Gesamtkosten«. Die weiteren

31 Diese Spalte wird im Programm *Lexware buchhaltung plus* als »% Ges.-Kosten« bezeichnet.

Posten der Kostenstatistik I werden nun in Abhängigkeit zu den Gesamtkosten ausgedrückt. Die Gesamtkosten sind:

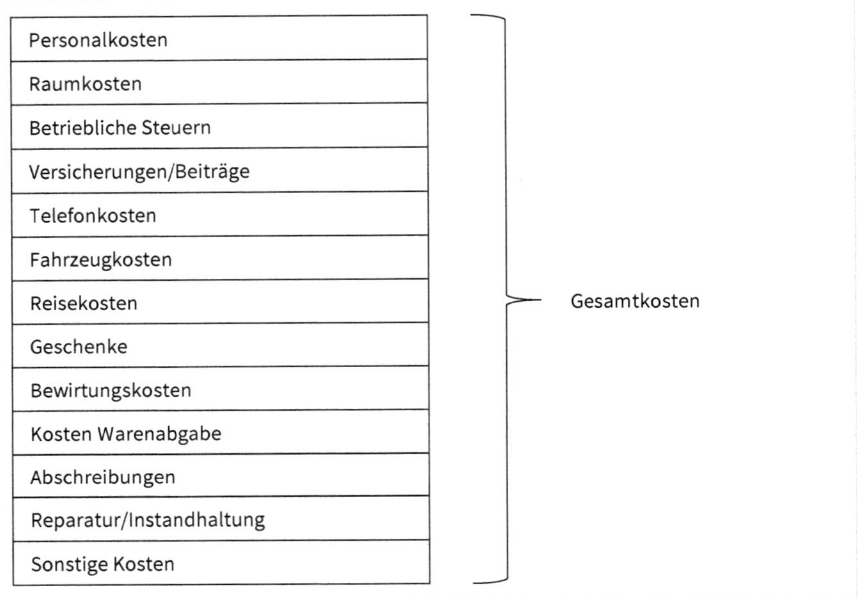

Abb. 13: Gesamtkosten

Gesamtleistung zu Gesamtkosten

Das Verhältnis Gesamtleistung zu Gesamtkosten sagt etwas über die Rentabilität des Unternehmens aus. Konkret zeigt die Kennzahl, wie effizient die Gesamtkosten des Unternehmens in den betrieblichen Leistungsprozess umgesetzt werden konnten.

$$\text{Berechnung: } \frac{\text{Gesamtleistung}}{\text{Gesamtkosten}} \times 100$$

Beispielunternehmen Don Bardo

Auszug aus der Kostenstatistik I Juni				
	Juni		**Jahresverkehrszahlen bis Ende Juni**	
	Saldo	**% Ges.-Kosten**	**Saldo**	**% Ges.-Kosten**
Gesamtleistung	**48.307,84 EUR**	**281,83**	**272.967,86 EUR**	**317,12**
Gesamtkosten	**17.141,05 EUR**	**100,00**	**86.077,34 EUR**	**100,00**

Bei Johann Bardo liegt ein Verhältnis der Gesamtleistung zu den Gesamtkosten von 281,83 % vor. Dies bedeutet, dass die gesamt erbrachte Leistung seines Unternehmens fast drei Mal so hoch ist wie seine betrieblichen Kosten (exklusive Material- und Warenverbrauch) oder wieder anders formuliert, mit 1,00 EUR Gesamtkosten konnten rund 2,82 EUR Leistung erwirtschaftet werden.

Gegenüber dem Gesamtleistungs-/Gesamtkostenverhältnis des bisherigen Jahres (317,12 %) hat sich diese Kennzahl aber deutlich verschlechtert. Da sich ja die Gesamtleistung im Juni gegenüber dem bisherigen Jahr verbessert hat, kann das nur an den gegenüber dem bisherigen Geschäftsjahr angestiegenen Gesamtkosten liegen.

Aufwendungen zu Gesamtkosten

Werden Aufwandspositionen aus der Kostenstatistik I ins Verhältnis zu den Gesamtkosten gesetzt, muss man unterscheiden, um welche Aufwandspositionen es sich handelt. Das Verhältnis von Aufwandspositionen aus dem Gesamtkostenblock selbst, wie z. B. Personalkosten/Gesamtkosten oder Fahrzeugkosten/Gesamtkosten, nennt man Kostenquoten. Diese Prozentzahlen zeigen den Anteil der jeweiligen Kostenposition an den kompletten Gesamtkosten. Die Kennzahlen sind also interessant, wenn Sie etwas über die Gewichtung der Gesamtkosten erfahren möchten.

$$\text{Berechnung: } \frac{\text{Aufwandsposition}}{\text{Gesamtkosten}} \times 100$$

Beispielunternehmen Don Bardo

Auszug aus der Kostenstatistik I Juni				
	Juni		**Jahresverkehrszahlen bis Ende Juni**	
	Saldo	**% Ges.-Kosten**	**Saldo**	**% Ges.-Kosten**
Personalkosten	6.590,40 EUR	38,45	39.542,40 EUR	45,94
Telefonkosten	240,00 EUR	1,40	1.240,00 EUR	1,44
Fahrzeugkosten	635,26 EUR	3,71	3.747,70 EUR	4,35
Reisekosten	734,00 EUR	4,28	1.584,00 EUR	1,84
Sonstige Kosten	4.696,70 EUR	27,40	17.613,13 EUR	20,46
Gesamtkosten	**17.141,05 EUR**	**100,00**	**86.077,34 EUR**	**100,00**

Im Juni ergibt sich eine Personalkostenquote von 38,45 % und ein Anteil der sonstigen Kosten von 27,40 %. Das sind anteilig die größten Kostenfaktoren im Bereich der Gesamtkosten. Die Fahrzeugkosten, Reisekosten oder auch Telefonkosten z. B. liegen dagegen nur im einstelligen Bereich.

Werden die Material- und Warenverbrauchsaufwendungen ins Verhältnis zu den Gesamtkosten gesetzt, berechnet sich im weitesten Sinne das Verhältnis der variablen Kosten zu den fixen Kosten. Der Gesamtkostenblock wird in der Praxis oftmals als Fixkostensumme bezeichnet, wobei diese Bezeichnung nicht ganz trennscharf ist, denn in einigen Kostenpositionen, wie z. B. den Personalkosten, können auch variable Personalkostenbestandteile enthalten sein.

Betrachten Sie also das Verhältnis von »Mat./Warenverbr./Gesamtkosten«, zeigt sich – sofern Sie einer material- oder warenintensiven Branche angehören –, wie das Verhältnis der essenziellsten Aufwandspositionen wie Material und Waren zu den sonst im Unternehmen anfallenden Kosten in Summe ist.

Beispielunternehmen Don Bardo

Auszug aus der Kostenstatistik I Juni				
	Juni		Jahresverkehrszahlen bis Ende Juni	
	Saldo	% Ges.-Kosten	Saldo	% Ges.-Kosten
Mat./Warenverbr.	28.112,27 EUR	164,01	161.116,66 EUR	187,18
Gesamtkosten	17.141,05 EUR	100,00	86.077,34 EUR	100,00

Das Verhältnis Mat./Warenverbr. zu Gesamtkosten liegt im Juni bei 164,01 %. Da Herr Bardo im Bereich Handel tätig ist, heißt das, dass der Wareneinsatz der Hauptbestandteil seiner Kosten ist, genauer gesagt ist er ca. eineinhalb Mal so hoch wie der Gesamtkostenblock, während der Material- und Wareneinsatz im Jahresdurchschnitt sogar fast zweimal so hoch wie die der sog. Fixkostenblock ist.

4.3.3 Kennzahl »Prozent Personalkosten«

In der Spalte »Prozent Personalkosten«[32] werden als Referenzwert die Personalkosten des Unternehmens mit 100 % festgelegt. Auch mithilfe der Personalkosten und deren Verhältnis zu weiteren Erfolgsauswertungspositionen können einige interessante Aspekte zur Unternehmenslage herausgearbeitet werden. Lassen Sie uns zwei der Prozentsätze näher betrachten.

32 Diese Spalte wird im Programm *Lexware buchhaltung plus* als »% Pers.-Kosten« bezeichnet.

Gesamtleistung zu Personalkosten

Das Verhältnis der gesamten Leistung des Unternehmens zu den Personalkosten ist eine äußerst hilfreiche Kennzahl, um festzustellen, wie effektiv die Personalkosten in Ihrem Unternehmen in Wertschöpfung, also in Gesamtleistung, umgesetzt werden können.

Sie können anhand dieser Kennzahl erkennen, wie viel Gesamtleistung von Ihren Angestellten mit 1,00 EUR Personalkosten erwirtschaftet wird.

$$\text{Berechnung: } \frac{\text{Gesamtleistung}}{\text{Personalkosten}} \times 100$$

Beispielunternehmen Don Bardo

Auszug aus der Kostenstatistik I Juni				
	Juni		Jahresverkehrszahlen bis Ende Juni	
	Saldo	% Ges.-Kosten	Saldo	% Ges.-Kosten
Gesamtleistung	**48.307,84 EUR**	**733,00**	**272.967,86 EUR**	**690,32**
Personalkosten	6.590,40 EUR	100,00	35.542,40 EUR	100,00

Im Unternehmen von Johann Bardo konnten im Juni mit 1,00 EUR Personalkosten rund 7,33 EUR Gesamtleistung erzielt werden. Vergleicht man diese Werte mit den Werten für das bisherige Jahr, hat sich das Verhältnis deutlich verbessert. Da die Personalkosten über das bisherige Jahr gleich geblieben sind, muss die Verbesserung an der Erhöhung der Gesamtleistung liegen. Da es in seinem Unternehmen nur punktuell zu geringfügigen Preiserhöhungen gekommen ist, vermutet Herr Bardo, dass sein Verkaufspersonal aufgrund seiner Schulung und dem von ihm weitergegebenen Wissen wesentlich mehr Umsätze erzielen konnte.

Mat./Warenverbrauch zu Personalkosten

$$\text{Berechnung: } \frac{\text{Material-/Warenverbrauch}}{\text{Personalkosten}} \times 100$$

Gerade in produzierenden Unternehmen ist diese Kennzahl von Bedeutung, wenn sie zusammen mit dem Verhältnis Gesamtleistung/Personalkosten analysiert wird. Bei Unternehmen des produzierenden Gewerbes ist eine Grundsatzentscheidung zwischen Eigenfertigung und (Teil-)Zukauf der einzelnen Komponenten zu treffen. Wenn die Wertschöpfung der Mitarbeiter betrachtet wird, also wie hoch die erbrachte Gesamtleistung der Mitarbeiter bezogen auf die Personalkosten ist, sollte auch das Verhältnis von Material-/Warenverbrauch zu den Personalkosten herangezogen werden. Entscheidet sich ein Unternehmen, mehr zuzukaufen als selbst zu fertigen, steigen die Materialkosten und sinken die Personalkosten. Sinkende Personalkosten wiederum lassen aber die Kennzahl Wertschöpfung in Form von Gesamtleistung/Personalkosten besser aussehen, ohne dass die Mitarbeiter tatsächlich produktiver geworden sind. Um also herauszufinden, ob die Verbesserung der Wertschöpfung der Mitarbeiter vielleicht nur daran liegt, dass die Personalkosten zugunsten der Erhöhung der Materialkosten gesunken sind, ist es wichtig, auch diese Kennzahl bei der Analyse der Personalkosten im Blick zu haben.

4.3.4 Kennzahl »Aufschlag«

Bei dieser Kennzahl wird der Material- bzw. Warenverbrauch mit 100% festgesetzt. Das Verhältnis des Material- bzw. Warenverbrauchs zum Rohertrag ist die Kennzahl »Rohaufschlag«. Sie hilft dabei, die Kalkulation Ihres Unternehmens zu überprüfen. Die Kennzahl zeigt an, wie hoch der Aufschlag auf das eingesetzte Material bzw. die eingesetzten Waren ist.

Die Kostenstatistik I weist auch den Aufschlag in Form des Verhältnisses »Betrieblicher Rohertrag/Wareneinsatz« aus. Da aber für das betriebliche Kerngeschäft der Rohertrag die aussagekräftigere Zahl ist (da der betriebliche Rohertrag noch sonstige betriebliche Erlöse enthält, die nicht den eigentlichen Leistungserstellungsprozess des Unternehmens betreffen), beschränken wir uns auf die Analyse des Aufschlags im Zusammenhang mit dem Rohertrag.

Sie sollten allerdings bedenken, dass für reine Dienstleister die Aussagekraft des Aufschlags eher gering ist, da die Gesamtleistung eher durch die Mitarbeiter als durch den Verkauf oder die Produktion von Waren erbracht wird.

Hinweis

In der Spalte »Aufschlag« finden Sie darüber hinaus noch die Verhältnisse bestimmter Aufwandspositionen zum Material- und Warenverbrauch. Diese Kennzahlen zeigen Ihnen die Höhe bestimmter Aufwendungen, wie z. B. der Personalkosten, bezogen auf die Material- und Warenverbrauchszahlen.

Beispielunternehmen Don Bardo

Auszug aus der Kostenstatistik I Juni				
	Juni		Jahresverkehrszahlen bis Ende Juni	
	Saldo	% Aufschl.	Saldo	% Aufschl.
Mat./Warenverbr.	28.112,27 EUR	100,00	161.116,66 EUR	100,00
Rohertrag	20.195,57 EUR	71,84	111.851,20 EUR	69,42

Im Auswertungszeitraum Juni lag ein Aufschlag auf den Wareneinsatz von 71,84% vor. Auf Waren im Wert von 1,00 EUR wurden ca. 0,71 EUR aufgeschlagen.

4.4 Kennzahlenanalyse – ein Praxisbeispiel

Die beschriebenen Kennzahlen eignen sich, je nach Branche des Unternehmens, mehr oder weniger gut für die Analyse der betrieblichen Situation. Lassen Sie uns gemeinsam einmal beispielhaft die betriebliche Situation von Johann Bardos Unternehmen in der Zusammenschau aller betrieblichen Kennzahlen analysieren:

Beispielunternehmen Don Bardo

Als Erstes sehen wir uns an, wie rentabel das Unternehmen von Herrn Bardo gearbeitet hat. Dazu betrachten wir die Anteile der Ergebnisgrößen an der Gesamtleistung.

	Juni	Januar–Juni
Rohertrag zu Gesamtleistung	41,81%	40,98%
Betriebsergebnis zu Gesamtleistung	7,77%	10,98%
Vorläufiges Ergebnis zu Gesamtleistung	7,23%	11,94%

Nach Abzug des Wareneinsatzes bleiben bei Herrn Bardo im Juni 41,81% der Gesamtleistung übrig. Werden dann die Gesamtkosten abgezogen, ergibt sich eine Rendite von 7,77% und nach Berücksichtigung der neutralen Aufwendungen und Erträge sowie der Steuern verbleibt eine Rendite in Höhe von 7,23%. Folglich bleiben von 1,00 EUR Gesamtleistung nach Abzug aller Aufwendungen noch rund 0,07 EUR übrig.

Während sich das Verhältnis von Rohertrag zu Gesamtleistung (Rohertragsrendite) ähnlich zum bisherigen Geschäftsjahr entwickelt hat, gibt es aber deutliche

Verschlechterungen bei der Kennzahl »Betriebsergebnis zu Gesamtleistung« bzw. »vorläufiges Ergebnis zu Gesamtleistung«.

Da das Betriebsergebnis die Gesamtkosten und die sonstigen betrieblichen Erlöse miteinbezieht, muss also der Grund für diese Abweichung bei den sonstigen betrieblichen Erlösen oder im Bereich der Gesamtkosten gesucht werden. Die sonstigen betrieblichen Erlöse haben sich proportional entwickelt. Somit muss sich Herr Bardo also nun den Gesamtkostenblock genauer ansehen. Das Verhältnis von Gesamtkosten zu Gesamtleistung hat sich im Juni deutlich gegenüber dem bisherigen Jahresdurchschnitt erhöht.

	Juni	**Jahresverkehrszahlen bis Ende Juni**
Gesamtkosten zu Gesamtleistung	35,48 %	31,53 %

Warum aber sich hat dieses Verhältnis erhöht? Absolut sind die Gesamtkosten von bisher durchschnittlich 13.787,26 EUR (86.077,34 EUR abzüglich Juni 17.141,05 EUR = 68.936,29 EUR bezogen auf 5 Monate) auf 17.141,05 EUR gestiegen.

Auch die Gesamtleistung ist im Juni auf 48.307,84 EUR angestiegen. Im Durchschnitt hat die Gesamtleistung von Jan – Mai 44.932,00 EUR betragen (272.967,86 EUR abzüglich Juni 48.307,84 EUR = 224.660,02 EUR bezogen auf 5 Monate).

Wäre also im Juni nicht auch die Gesamtleistung gestiegen, hätte sich das Verhältnis Gesamtkosten zu Gesamtleistung noch mehr erhöht und somit verschlechtert, da ja für 1,00 EUR Gesamtleistung ein höherer Prozentsatz an Gesamtkosten entstanden ist. Lassen Sie uns also nun ansehen, was im Bereich der Gesamtkosten passiert ist:

Beim Überfliegen der Werte im Gesamtkostenblock kann Herr Bardo schnell erkennen, welche Aufwandsposten überproportional gestiegen sind.

Hierzu ein Tipp: Nehmen Sie die Monatswerte und rechnen Sie sie grob auf den Auswertungszeitraum hoch. Multiplizieren Sie also jede Aufwandsposition mit der Anzahl der Monate, die die Jahresverkehrszahlen umfassen.

Die erste Abweichung zeigt sich bei den Reisekosten (734,00 EUR × 6 Monate ergäbe einen kumulierten Wert von 4.404,00 EUR gegenüber den tatsächlich angefallenen 1.584,00 EUR kumuliert). Ebenso bei den sonstigen Kosten (4.696,70 EUR × 6 Monate ergäbe einen Wert von 28.180,20 EUR gegenüber den tatsächlich angefallenen Aufwendungen von 17.613,13 EUR kumuliert).

Innerhalb dieser Rubrik können Sie ebenso verfahren und erkennen bei den Werbekosten und den Fortbildungskosten überdurchschnittliche Zuwächse. Jetzt wird Herrn Bardo einiges klar, er hat ja im Juni bei seiner Schulung gelernt, wie wichtig Marketing ist, und dann sofort im Anschluss eine besondere Werbekampagne geschaltet. Die Kosten für die Fortbildung und das Marketing sind für den Anstieg im Bereich der sonstigen Kosten verantwortlich.

Sieht er sich dann abschließend noch einmal die Zusammensetzung des Gesamtkostenblocks an, erkennt er, dass sich dadurch die Kostenquoten verschoben haben. Für die weiteren Auswertungen sollte Herr Bardo, wenn z.B. die Fortbildungs- und Werbeaktivitäten beibehalten werden, diese Quoten im Blick behalten.

Betrachten wir das Verhältnis von Gesamtleistung zu Gesamtkosten zeigt sich, dass die Erhöhung der Gesamtkosten alleine nicht zur Erhöhung der Gesamtleistung beigetragen hat:

	Juni	Jahresverkehrszahlen bis Ende Juni
Gesamtleistung zu Gesamtkosten	281,83%	317,12%

Während im Zeitraum Jan–Juni im Durchschnitt mit 1,00 EUR Gesamtkosten 3,17 EUR Gesamtleistung erzielt werden konnten, hat sich dieser Wert, wenn man nur den Monat Juni betrachtet, auf 2,82 EUR verschlechtert.

Weiter geht es mit den Personalkosten. Hier stellen wir fest, dass sich diese in den Durchschnitt der letzten Monate einfügen.

	Juni	Jahresverkehrszahlen bis Ende Juni
Personalkosten	6.590,40 EUR	39.542,40

Beim Vergleich der Kennzahlen Gesamtleistung/Personalkosten zeigt sich, dass die Angestellten mehr Gesamtleistung erzielen konnten. Das Wissen, das Herr Bardo im Rahmen der Verkaufsschulung gewonnen hat und das er an seine Mitarbeiter weitergeben konnte, hat sich also schon bezahlt gemacht.

	Juni	Jahresverkehrszahlen bis Ende Juni
Gesamtleistung zu Personalkosten	733,00%	690,32%

Sehen wir uns an, wie der Wareneinsatz in Gesamtleistung umgesetzt werden konnte. Der Rohaufschlag dient der Preiskalkulation. Im Vorhinein kalkuliert ein Unternehmer also mit gewissen Aufschlagsätzen. Der Aufschlag hat sich von 69,42% im bisherigen Durchschnitt auf 71,84% im Juni verbessert. Sind die Wareneinsätze gemäß den tatsächlich verbrauchten Waren erfasst, zeigt die Größe, dass mit den eingesetzten Waren höhere Umsätze erzielt werden konnten. Herr Bardo vergleicht nun zum Abschluss diesen tatsächlich erzielten Aufschlag auf den Wareneinsatz mit dem von ihm kalkulierten Aufschlag und prüft, ob er seine Soll-Werte einhalten konnte.

5 Herkunft und Verwendung der Mittel – die Bewegungsbilanz

Die Bewegungs**bilanz** ist, wie der Name schon sagt, eine Auswertung in bilanzieller Form. Hier kommt wieder die ursprüngliche Bedeutung des Begriffs Bilanz – er ist abgeleitet von *la bilancia* (Waage) – ins Spiel. Sie kennen wahrscheinlich Ihre Bilanz, die ein Teil Ihrer Jahresabschlussmappe ist. Diese ist die Aufstellung Ihrer Vermögensgegenstände und Schulden zum Bilanzstichtag. Haben Sie mehr Vermögensgegenstände als Schulden, bleibt als Restgröße das Eigenkapital auf der Passivseite übrig.

Die Bewegungsbilanz als eine Form der betriebswirtschaftlichen Auswertung darf jedoch nicht mit der Bilanz Ihres Unternehmens zum Jahresende verwechselt werden, da es sich um eine *Bewegungs*bilanz handelt. Bewegung heißt, diese Auswertung zeigt Ihnen die *Veränderungen* der Positionen in Summe bis zum Ende der jeweiligen Auswertungsperiode an. Wenn Sie also wissen wollen, wie sich Ihre Bestandskonten, z. B. der Fuhrpark, die Maschinen, das betriebliche Bankkonto oder die Kasse, verändert haben, müssen Sie diese Auswertung zur Hand nehmen. Sie stellt Ihnen in kompakter Form zusammen, wofür Ihr Unternehmen Mittel verwendet hat und woher diese Mittel stammen.

Warum aber heißt diese Auswertung dann Bewegungs*bilanz*? Nun ja, das hat damit zu tun, dass in dieser Auswertungsform, wie bei einer Balkenwaage, die linke und die rechte Seite gleich hoch sein müssen. Übrigens, auch wenn die Bewegungsbilanz keine Bilanz im Sinne des Jahresabschlusses ist, ist es wichtig, dass Sie für deren Analyse zumindest den groben Aufbau einer Bilanz mit ihren Positionen und ihrer Gliederung kennen.[33]

Bevor wir uns mit der Bewegungsbilanz näher beschäftigen, sollten wir sie uns zunächst genauer ansehen:

33 Siehe den »Exkurs: Gewinnermittlung nach § 4 Abs. 3 EStG oder Bilanzierung« in Kapitel 3.2.

Betriebswirtschaftliche Auswertung B. Bewegungsbilanz

Johann Bardo Don Bardo Einrichtung & Deko, Rebenstraße 1, 12345 Weinstadt **in €**

	Auswertung bis Ende Juni			
	Mittelverwendung		Mittelherkunft	
	erh. Aktiva min. Passiva	%	erh. Passiva min. Aktiva	%
Anlagevermögen				
Imm. Vermögensgegenstände				
Sachanlagen	38.515,81	19,00	7.000,00	3,45
Finanzanlagen				
Umlaufvermögen				
Anteile				
Vorräte	10.000,00	4,93		
Finanzkonten			27.837,25	13,73
Forderungen	135.395,45	66,78		
Verbindlichkeiten	4.500,00	2,22	126.611,60	62,45
Vorsteuer/Umsatzsteuer			7.858,77	3,88
Wertb./ Rückst. / RAP	2.010,00	0,99	450,00	0,22
Kapital				
Privat	12.324,90	6,08	384,00	0,19
Verlust				
Gewinn			**32.604,54**	**16,08**
Summe Mittelverwendung	**202.746,16**	**100,00**		
Summe Mittelherkunft			**202.746,16**	**100,00**

Anders als bei der Erfolgsauswertung, die es in zwei Varianten – als »einfache« und als »ausführliche« (erweiterte) Auswertung – gibt, existiert lediglich eine Form der Bewegungsbilanz. Es gibt gegenüber z. B. der Bewegungsbilanz von DATEV, bis auf wenige Abweichungen in der Untergliederung und der Bezeichnung der Positionen, kaum Unterschiede. Denken Sie aber auch hier – wenn Sie die Bewegungsbilanz eines anderen Softwareanbieters betrachten – daran, vorab die genaue Postenzusammensetzung zu prüfen.

Hinweis

Die Bewegungsbilanz finden Sie in der Lexware Buchhaltungssoftware als Teil der erweiterten BWA. Dort können Sie, wie auch schon bei der Kostenstatistik I, verschiedene Auswertungszeiträume (Veränderungen von Vermögens- und Kapitalpositionen bis zum Ende eines bestimmten Monats, bis zum Ende eines bestimmten Quartals oder bis zum Ende des Wirtschaftsjahres) auswählen.

5.1 Aufbau der Bewegungsbilanz

Die Bewegungsbilanz ist folgendermaßen aufgebaut:

	Mittelverwendung		Mittelherkunft	
	erh. Aktiva min. Passiva	**%**	**erh. Passiva min. Aktiva**	**%**

Wie Sie sehen, ist die Bewegungsbilanz in zwei Blöcke gegliedert, nämlich in die Mittelherkunft und die Mittelverwendung. Es wird also dargestellt, für welche Bilanzpositionen Sie Mittel ausgegeben haben und woher die Mittel für diese Ausgaben stammen. Die Verbindung zwischen der Kostenstatistik I und der Bewegungsbilanz besteht im vorläufigen Ergebnis. Das vorläufige kumulierte Ergebnis der Kostenstatistik I muss mit dem in der Bewegungsbilanz dargestellten Gewinn/Verlust übereinstimmen.

Ein vom Unternehmen erzielter Gewinn gehört nämlich zur Mittelherkunft und wird dann z. B. für Investitionen, Schuldentilgung oder Privatentnahmen verwendet. Oder andersherum: Wenn Sie sich nicht recht erklären können, wohin Ihr erwirtschafteter vorläufiger Gewinn eigentlich geflossen ist, dann studieren Sie doch Ihre Bewegungsbilanz einmal ein wenig genauer.

5.1.1 Spaltengliederung

Die Spalten der Bewegungsbilanz lassen sich grundsätzlich in drei Teile gliedern. Der erste Teil besteht aus den in den verschiedenen Zeilen ganz links dargestellten Positionen. Diese sehen wir uns im Folgekapitel im Detail an.

Der zweite Bereich ist die Mittelverwendung, der im dritten Spaltengliederungsteil die Mittelherkunft gegenübergestellt ist. Genau um diese Gegenüberstellung geht es in der Bewegungsbilanz. Die Auswertung soll Ihnen helfen, zu erkennen, wofür Sie in Ihrem Unternehmen Mittel verwendet haben: also z. B. für die Investition in Anlagevermögen oder für die Schuldentilgung und sie zeigt, woher die Mittel dafür stammen.

Mittelverwendung – »Erhöhungen Aktiva und Minderungen Passiva« und »%«
Der Bereich Mittelverwendung besteht aus zwei Teilen. In der Spalte »Erhöhungen Aktiva und Minderungen Passiva«[34] werden die absoluten Werte der jeweiligen Zeilenposition in EUR gezeigt, während die Spalte »%« die gesamten Mittel mit 100% festsetzt und dann in Prozentzahlen die einzelnen Anteile der aufgeführten Positionen an der gesamten Mittelverwendung ausweist.

Mittel können in einem Unternehmen für die Erhöhung der Aktiva oder die Verminderung der Passiva verwendet werden. Das klingt vielleicht zunächst etwas kryptisch, aber im Endeffekt steckt nichts anderes dahinter, als dass Sie die Mittel Ihres Unternehmens dafür verwenden können, Aktiva zu erhöhen, also z.B. Anlagevermögen, Grundstücke, Maschinen, PKW etc. zu kaufen, oder Passiva zu vermindern, also bspw. Schulden gegenüber Kreditinstituten oder Lieferanten zu tilgen.

Wie hoch diese Erhöhungen der Aktiva bzw. die Verminderungen der Passivposten waren, zeigt – wie eben schon erläutert – die Bewegungsbilanz sowohl in absoluten Werten als auch in Prozent. Gerade die »%«-Spalte ist besonders interessant, wenn Sie schnell einen Überblick darüber bekommen möchten, wofür die meisten Mittel verwendet wurden und wie das Verhältnis der einzelnen Mittelverwendungsarten ist.

Mittelherkunft – »Erhöhungen Passiva und Minderungen Aktiva« und »%«
Wie eingangs bereits erwähnt, leitet sich der Begriff »Bilanz« von *la bilancia* (Waage) ab. Wenn also im zweiten Spaltenbereich die Zusammensetzung der Mittelverwendung dargestellt wird, muss der dritte Auswertungsteil die Zusammensetzung der Mittelherkunft in eben dieser Höhe zeigen. Die Spalte »Erhöhungen Passiva und Minderungen Aktiva«[35] weist dabei wieder die absoluten EUR-Werte der eingesetzten Mittel aus. Die Spalte »%« zeigt die gesamten eingesetzten Mittel mit 100% und dann die Anteile an diesen eingesetzten Mitteln pro Zeile mit Prozentwerten.

Woher können die Mittel Ihres Unternehmens kommen? Was ist eigentlich die Mittelherkunft?

Die eingesetzten Mittel bestehen zum einen aus der Erhöhung der Passiva. Auf der Passivseite der Bilanz sind Eigenkapital und Fremdkapital angeführt, also stellt z.B. ein Darlehen, das aufgrund eines Kaufs von Anlagevermögen aufgenommen wird, eine Mittelherkunft über die Erhöhung der Passiva dar. Zum anderen könnte die Mittelherkunft aber auch durch eine Verminderung der Aktiva zustande kommen, wenn bspw. das neu angeschaffte Anlagevermögen über Banküberweisung gezahlt wird.

34 Im Buchhaltungsprogramm von Lexware als »erh. Aktiva und min. Passiva« bezeichnet.
35 Im Buchhaltungsprogramm von Lexware als »erh. Passiva und min. Aktiva« bezeichnet.

Auch hier noch einmal der Hinweis: Die »%«-Spalte vermittelt einen schnellen Eindruck davon, woher die meisten Mittel des Unternehmens stammen bzw. wie die Finanzierungsstruktur Ihres Unternehmens aussieht.

5.1.2 Zeilengliederung

Im Großen und Ganzen bestehen die Zeilen der Bewegungsbilanz aus den Vermögens- und Kapitalpositionen eines Unternehmens. Diese werden zu Einheiten wie Anlagevermögen, Umlaufvermögen usw. (zu erkennen an den fett gedruckten Begriffen) zusammengefasst. Für diese Posten wird dann jeweils die Mittelverwendung oder die Mittelherkunft der jeweiligen Position ausgewiesen, es wird also gezeigt, ob und in welcher Höhe sie sich verändert haben und ob die Veränderung dem Bereich der Mittelverwendung oder der Mittelherkunft zuzuordnen ist. Noch einmal: Da eine Bilanz immer ausgewogen sein muss, müssen die Summen der Mittelherkunft und Mittelverwendung jeweils gleich hoch sein.

Anlagevermögen

Die Position Anlagevermögen setzt sich zusammen aus:

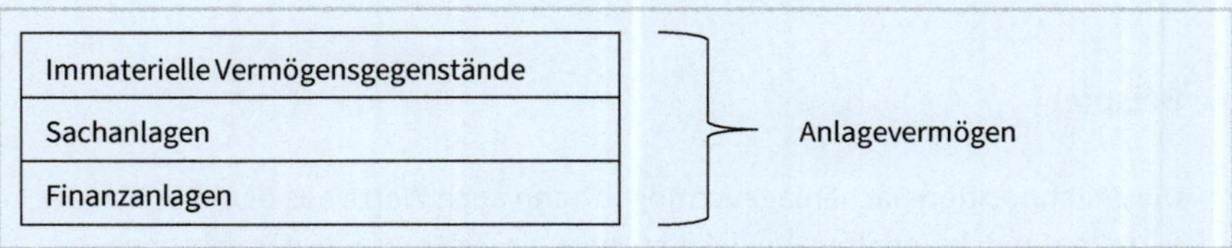

Abb. 14: Anlagevermögen

Immaterielle Vermögensgegenstände

Zu den immateriellen Vermögensgegenständen zählen alle nicht materiellen, also nicht körperlichen, Vermögensgegenstände, die keine Finanzmittel sind. Kurz gesagt: Vermögen, das Sie nicht anfassen können. Was ist damit gemeint? Zum Beispiel:

Konto-Nummer SKR 04	Bezeichnung
110	Konzessionen
135	EDV-Software
140	Lizenzen an gewerblichen Schutzrechten und ähnlichen Rechten und Werten

Beispiel

Veränderungen von immateriellen Vermögensgegenständen im Bereich der Mittelverwendung, also die Erhöhung dieses Aktivpostens, könnte z. B. der Kauf einer neuen EDV-Software sein.

Sachanlagen

Als Sachanlagen bezeichnet man körperliche Vermögensgegenstände, die zum langfristigen Verbleib im Unternehmen angeschafft oder hergestellt wurden und dem Betrieb dienen sollen. Hierbei handelt es sich zum Beispiel um:

Konto-Nummer SKR 04	Bezeichnung
215	Unbebaute Grundstücke
240	Geschäftsbauten
400	Technische Anlagen
520	PKW
540	LKW

Beispiel

Die Zeilenposition Sachanlagevermögen kann auch Werte aus dem Bereich der Mittelherkunft beinhalten. Vielleicht fragen Sie sich nun, wie das sein kann. Lassen Sie es uns durchdenken: Die Mittelherkunft zeigt eine Minderung der Aktiva bzw. eine Erhöhung der Passiva. Durch die planmäßige Abschreibung eines Sachanlagegutes wird dieses ja vermindert, was also eine Art der Mittelherkunft beim Sachanlagevermögen darstellt.

Beispielunternehmen Don Bardo

Auszug aus der Bewegungsbilanz bis Ende Juni		
Bezeichnung	**Mittelverwendung**	**Mittelherkunft**
Sachanlagevermögen	38.515,81 EUR	7.000,00 EUR

Die Mittelverwendung betrifft einen PKW-Kauf (Kt. 520 »PKW«). Die Mittelherkunft stammt aus der Abschreibung von Anlagevermögen.

Finanzanlagen

Unter Finanzanlagen versteht man z. B.

Konto-Nummer SKR 04	Bezeichnung
800	Anteile an verbundenen Unternehmen (Anlagevermögen)
820	Beteiligungen
900	Wertpapiere des Anlagevermögens
930	Sonstige Ausleihungen
940	Darlehen

Finanzanlagevermögensgegenstände sind also monetäre Vermögensgegenstände wie Beteiligungen, Ausleihungen usw., wenn diese dauerhaft dem Geschäftsbetrieb dienen sollen.

Beispiel

Bei den Finanzanlagen kann es Mittelbewegungen – im Sinne der Mittelherkunft und Mittelverwendung – ganz einfach durch den Kauf von Finanzanlagevermögen (Mittelverwendung) oder den Verkauf von Finanzanlagen (Mittelherkunft) geben.

Umlaufvermögen

Umlaufvermögen wird – wie der Name schon andeutet – schneller umgeschlagen als Anlagevermögen. Während das Anlagevermögen dazu bestimmt ist, dem Betrieb dauerhaft zu dienen, wird beim Umlaufvermögen typischerweise von Verbrauchsgütern anstatt von Gebrauchsgütern ausgegangen. Das Umlaufvermögen gliedert sich in unterschiedliche Positionen:

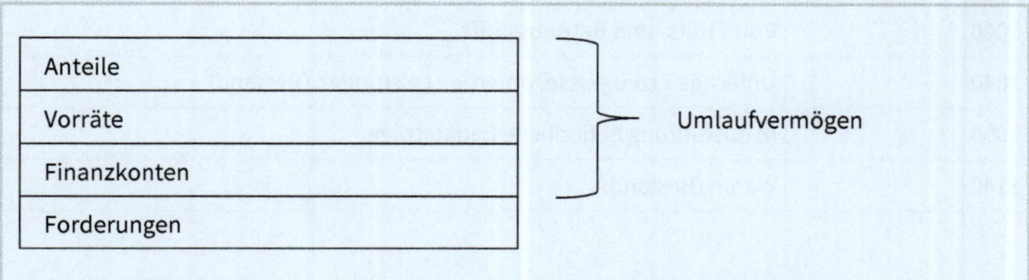

Abb. 15: Umlaufvermögen

Anteile
Es gibt auch Anteile an anderen Unternehmen, die nicht den Finanzanlagen, also dem Anlagevermögen zugeordnet werden, sondern Teil des Umlaufvermögens sind. Dazu gehören z. B.:

Konto-Nummer SKR 04	Bezeichnung
1500	Anteile an verbundenen Unternehmen (Umlaufvermögen)
1504	Anteile an herrschender oder mehrheitlich beteiligter Gesellschaft

Der wesentliche Unterschied zwischen Anteilen des Anlagevermögens und Anteilen des Umlaufvermögens ist, dass Anteile, die dem Umlaufvermögen zugeordnet werden, eher für den kurzfristigen Verbleib im Unternehmen, z. B. zu Spekulations- oder Handelszwecken, erworben werden.

Beispiel

Ebenso wie bei den Finanzanlagen kann es auch bei den Anteilen des Umlaufvermögens Mittelbewegungen – im Sinne der Mittelherkunft und Mittelverwendung – durch den Verkauf (Mittelherkunft) und Kauf (Mittelverwendung) neuer Anteile geben.

Vorräte
Das Vorratsvermögen ist das, was Ihr Unternehmen auf Lager hat – sei es zum Verbrauch oder zur Weiterveräußerung. Betrachtet man den Kontenrahmen, kommen dafür z. B. folgende Konten in Betracht:

Konto-Nummer SKR 04	Bezeichnung
1000	Roh-, Hilfs- und Betriebsstoffe
1040	Unfertige Erzeugnisse, unfertige Leistungen (Bestand)
1090	In Ausführung befindliche Bauaufträge
1140	Waren (Bestand)

Wie kann man sich Mittelverwendung und Mittelherkunft im Bereich der Vorräte vorstellen?

Beispiel

Erhöht sich bspw. der Bestand an Handelswaren, ist dies als Mittelverwendung zu sehen, während eine Bestandsverminderung (Minderung der Aktiva) zum Bereich der Mittelherkunft gehört.

Beispielunternehmen Don Bardo

Auszug aus der Bewegungsbilanz bis Ende Juni		
Bezeichnung	**Mittelverwendung**	**Mittelherkunft**
Vorräte	10.000,00 EUR	

Von Januar bis Ende Juni haben sich die Vorräte von Herrn Bardo um 10.000,00 EUR erhöht.

Finanzkonten

Die Finanzkonten eines Unternehmens haben alle einen Bezug zu den Zahlungsmitteln. In dieser Kategorie finden Sie typischerweise Konten wie:

Konto-Nummer SKR 04	Bezeichnung
1600	Kasse
1700	Bank (Postbank)
1800	Bank

Beispiel

Im Bereich der Finanzkonten zeigt die Bewegungsbilanz deren Entwicklung, sprich, ob diese zugenommen haben (Mittelverwendung) oder im Auswertungszeitraum abgenommen haben (Mittelherkunft). Einzahlungen z. B. durch das Begleichen von Rechnungen durch Kunden werden der Mittelverwendung zugeschrieben, Auszahlungen der Mittelherkunft.

Beispielunternehmen Don Bardo

Auszug aus der Bewegungsbilanz bis Ende Juni		
Bezeichnung	**Mittelverwendung**	**Mittelherkunft**
Finanzkonten		27.837,25 EUR

Die Finanzkonten haben im Auswertungszeitraum abgenommen. Das zeigt sich in einer Mittelherkunft von 27.837,25 EUR.

Forderungen

Forderungen bestehen, wenn Ihr Unternehmen noch Ansprüche gegen jemanden hat, wie z. B.:

Konto-Nummer SKR 04	Bezeichnung
1180	Geleistete Anzahlungen auf Vorräte
1200	Forderungen aus Lieferungen und Leistungen
1300	Sonstige Vermögensgegenstände
1340	Forderungen gegen Personal aus Lohn- und Gehaltsabrechnung
1350	Kautionen
1360	Darlehen
1422	Umsatzsteuerforderungen Vorjahr

Beispiel

Die Erhöhung von Forderungen bedeutet eine Erhöhung der Aktiva und gehört in der Bewegungsbilanz deshalb zur Mittelverwendung. Das mag vielleicht zunächst unlogisch klingen, aber tatsächlich sind Umsätze, die zu einer Erhöhung von Forderungen führen, keine Mittel, die schon eingesetzt werden können, da sie ja erst durch den Kunden beglichen werden müssen. Eine Mittelherkunft ist deswegen erst das Begleichen von Forderungen.

Beispielunternehmen Don Bardo

Auszug aus der Bewegungsbilanz bis Ende Juni		
Bezeichnung	**Mittelverwendung**	**Mittelherkunft**
Forderungen	135.39545 EUR	

Im Bereich der betrieblichen Forderungen ergibt sich zum Stichtag 30.06. eine Zunahme der Forderungen um 135.395,45 EUR.

Verbindlichkeiten

Das Pendant zu Forderungen sind Verbindlichkeiten. Hier liegt gewissermaßen der umgekehrte Fall vor: Nicht jemand anders schuldet Ihnen etwas, sondern ein anderer hat Ansprüche Ihnen gegenüber. Solche Ansprüche können z. B. sein:

Konto-Nummer SKR 04	Bezeichnung
3150	Verbindlichkeiten geg. Kreditinstituten
3250	Erhaltene Anzahlungen auf Bestellungen (Verbindlichkeiten)
3300	Verbindlichkeiten aus Lieferungen und Leistungen
3400	Verbindlichkeiten gegenüber verbundenen Unternehmen
3500	Sonstige Verbindlichkeiten
3550	Erhaltene Kautionen
3560	Darlehen
3700	Verbindlichkeiten aus Steuern und Abgaben
3720	Verbindlichkeiten aus Lohn- und Gehalt
3730	Verbindlichkeiten aus Lohn- und Kirchensteuer
3740	Verbindlichkeiten im Rahmen der sozialen Sicherheit
3841	Umsatzsteuer Vorjahr

Beispiel

Werden bspw. Verbindlichkeiten aus Lieferungen und Leistungen getilgt, stellt das eine Verminderung der Passiva dar, denn bei den Verbindlichkeiten handelt es sich um typische Passivkonten einer Bilanz. Somit handelt es sich um eine Mittelverwendung. Dagegen ist die Erhöhung von Verbindlichkeiten, beispielsweise durch einen Warenkauf auf Rechnung, der Mittelherkunft zuzuordnen.

Beispielunternehmen Don Bardo

Auszug aus der Bewegungsbilanz bis Ende Juni		
Bezeichnung	**Mittelverwendung**	**Mittelherkunft**
Verbindlichkeiten	4.500,00 EUR	126.611,60 EUR

Im Block der Mittelverwendung sehen Sie die Tilgung des Bankkredits (Kt. 3160 »Verbindlichkeiten geg. Kreditinstituten Restlaufzeit 1 bis 5 Jahre«). Die Mittelherkunft stammt aus der Erhöhung der Verbindlichkeiten gegenüber Lieferanten (Kt. 3300 »Verbindlichkeiten aus Lieferungen und Leistungen«), dem neuen Darlehen (Kt. 3564 »Darlehen – Restlaufzeit 1 bis 5 Jahre) und den Verbindlichkeiten aus dem Personalbereich.

Vorsteuer/Umsatzsteuer

Sie wundern sich nun vielleicht: In den oben dargestellten Tabellen gibt es bereits die Position Kt. 1422 »Umsatzsteuerforderungen Vorjahr« bei den Forderungen bzw. Kt. 3841 »Umsatzsteuer Vorjahr« unter Verbindlichkeiten. Weshalb gibt es nun in der Bewegungsbilanz eine eigenständige Kategorie für Vorsteuer und Umsatzsteuer? Diese Kategorie beinhaltet nur die laufenden Vorsteuer- und Umsatzsteuerpositionen des Auswertungszeitraums. Sie können dieser Position entnehmen, ob »unterm Strich«, wenn Umsatzsteuer und Vorsteuer verrechnet werden, eine Verbindlichkeit oder ein Rückzahlungsanspruch (Forderung) gegenüber dem Finanzamt vorliegt.

Unter Vorsteuer/Umsatzsteuer finden Sie also z. B. folgende Konten:

Konto-Nummer SKR 04	Bezeichnung
1401	Abziehbare Vorsteuer 7 %
1404	Abziehbare Vorsteuer aus innergemeinschaftlichem Erwerb 19 %
1406	Abziehbare Vorsteuer 19 %
1407	Abziehbare Vorsteuer nach § 13b UStG 19 %
3801	Umsatzsteuer 7 %
3804	Umsatzsteuer aus innergemeinschaftlichem Erwerb 19 %
3806	Umsatzsteuer 19 %
3820	Umsatzsteuer-Vorauszahlungen
3830	Umsatzsteuer-Vorauszahlungen 1/11
3837	Umsatzsteuer nach § 13b UStG 19 %

Beispiel

Ist bei einem Unternehmen im Auswertungszeitraum die Umsatzsteuerzahllast höher als das Vorsteuerguthaben, zeigt sich das unter der Position »Vorsteuer/Umsatzsteuer« im Block Mittelherkunft. Ist hingegen bei der Verrechnung von Umsatzsteuer und Vorsteuer die Vorsteuerpositionen höher als die Umsatzsteuerpositionen, wird eine Mittelverwendung ausgewiesen.

Beispielunternehmen Don Bardo

Auszug aus der Bewegungsbilanz bis Ende Juni		
Bezeichnung	**Mittelverwendung**	**Mittelherkunft**
Vorsteuer/Umsatzsteuer		7.858,77 EUR

Aus der Verrechnung von Umsatzsteuer und Vorsteuer ergibt sich eine Verbindlichkeit gegenüber dem Finanzamt.

Wertberichtigung/Rückstellungen/Rechnungsabgrenzungsposten

Der Posten »Wertberichtigung/Rückstellungen/Rechnungsabgrenzungsposten«[36] umfasst hauptsächlich Konten der Rückstellungen und Rechnungsabgrenzungsposten wie:

Konto-Nummer SKR 04	Bezeichnung
1900	Aktive Rechnungsabgrenzung
1940	Damnum/Disagio
3020	Steuerrückstellungen
3070	Sonstige Rückstellungen
3095	Rückstellungen für Abschluss- und Prüfungskosten
3900	Passive Rechnungsabgrenzung

Beispiel

Werden in Ihrem Unternehmen z. B. Rückstellungen für Jahresabschlussarbeiten gebildet, handelt es sich um eine Buchung der Mittelherkunft, da Rückstellungen als typische Passivposten bei ihrer Bildung ja die Rückstellungen erhöhen. Bei der Auflösung dieser Rückstellungen vermindern sich die Passiva, was in der Bewegungsbilanz als Mittelverwendung ausgewiesen wird.

Beispielunternehmen Don Bardo

Auszug aus der Bewegungsbilanz bis Ende Juni		
Bezeichnung	**Mittelverwendung**	**Mittelherkunft**
Wertb./Rückst./RAP	2.010,00 EUR	450,00 EUR

Im Bereich der Wertberichtigungen/Rückstellungen/Rechnungsabgrenzungsposten kommt die Mittelherkunft aus dem Bereich der Rückstellungen, während die Mittelverwendung aus dem Bereich der aktiven Rechnungsabgrenzung stammt.

36 Im Buchhaltungsprogramm von Lexware als »Wert./Rückst./RAP« bezeichnet.

Kapital

Das Eigenkapital Ihres Unternehmens ist die sogenannte Restgröße, die übrigbleibt, wenn man in der Bilanz die Schulden eines Unternehmens von den Vermögensgegenständen abzieht. Vielleicht haben Sie für Eigenkapital auch schon einmal die Begriffe Betriebsvermögen oder Reinvermögen gehört. Je nachdem, welche Rechtsform Ihr Unternehmen hat, kann der Ausweis des Eigenkapitals unterschiedlich gegliedert sein und auch die Möglichkeit, wie Kapital eingelegt werden kann, ist abhängig von der Rechtsform. Deshalb gibt es in den Kontenrahmen auch unterschiedliche Arten von Kapitalkonten, wie z. B.:

Konto-Nummer SKR 04	Bezeichnung
2000	Festkapital
2900	Gezeichnetes Kapital

Beispiel

Wird einer AG beispielsweise Kapital zugeführt, ist dies in der Bewegungsbilanz eine Form der Mittelherkunft. Minderungen des Kapitals werden als Mittelverwendung deklariert.

Privat

Hier finden Sie alle Konten und Werte, die dem Privatbereich zugeordnet sind. Alle privaten Entnahmen und Einlagen werden unter dieser Position aufgeführt. Sie sollten bei der Analyse Ihrer Bewegungsbilanz ein besonderes Augenmerk auf diese Position legen, denn hier zeigt sich, wie hoch die privaten Entnahmen aus Ihrem Unternehmen waren. Haben Sie häufiger Entnahmen aus der Kasse gemacht oder vom betrieblichen Girokonto Geld für die Shoppingtour abgehoben, dann sind das Privatentnahmen. Sie haben also einen Teil Ihres Unternehmensgewinns gewissermaßen schon vorab ausgegeben. Deswegen müssen Sie an dieser Stelle unbedingt prüfen, ob sich die Entnahmen auch mit dem erwirtschafteten Gewinn (siehe Zeile Gewinn) decken.

Konto-Nummer SKR 04	Bezeichnung
2130	Unentgeltliche Wertabgaben
2150	Privatsteuern
2180	Privateinlagen
2200	Sonderausgaben beschränkt abzugsfähig
2230	Sonderausgaben unbeschränkt abzugsfähig
2280	Außergewöhnliche Belastungen

Beispiel

Tätigt ein Unternehmer Privatentnahmen, ist dies eine Art der Mittelverwendung. Muss er dagegen private Mittel in Form von Privateinlagen zuschießen, handelt es sich um eine Bewegung innerhalb der Kategorie Mittelherkunft.

Beispielunternehmen Don Bardo

Auszug aus der Bewegungsbilanz bis Ende Juni		
Bezeichnung	**Mittelverwendung**	**Mittelherkunft**
Privat	12.324,90 EUR	384,00 EUR

Auch bei Herrn Bardo sehen Sie, dass Privatentnahmen in Höhe von 12.324,90 EUR (Mittelverwendung) und Privateinlagen in Höhe von 384,00 EUR (Mittelherkunft) vorliegen.

Verlust

Diese Zeile stellt die Verbindung der Kostenstatistik I und der Bewegungsbilanz dar. Sollten Sie im Auswertungszeitraum Verlust gemacht haben, wird dieser hier aufgeführt.

Beispiel

Macht Ihr Unternehmen Verluste, ist dies eine Mittelverwendung. Sie haben also »von der Substanz gelebt«.

Gewinn

Das Spiegelbild zum Verlust ist der Gewinn. Wenn Sie – hoffentlich – im Auswertungszeitraum Gewinn gemacht haben, erscheint an dieser Stelle das vorläufige Ergebnis der Kostenstatistik I in Gewinnform. Wie auch in der Zeile Verlust, ist dies die Verbindung zwischen den beiden Auswertungsarten, da das vorläufige Ergebnis des Unternehmens in Form von Gewinn mit in die Bewegungsbilanz eingeht.

Beispiel

Der Gewinn eines Unternehmens ist ein Teil der Mittelherkunft. Dieser kann nun also für verschiedene Arten der Mittelverwendung, wie Privatentnahmen, Kauf von Anlagevermögen etc., verwendet werden.

Beispielunternehmen Don Bardo

Auszug aus der Bewegungsbilanz bis Ende Juni		
Bezeichnung	**Mittelverwendung**	**Mittelherkunft**
Gewinn		32.604,54 EUR

Herr Bardo hat bisher im Wirtschaftsjahr 32.604,54 EUR Gewinn erwirtschaftet. Dieser gehört zur Mittelherkunft.

Summe Mittelverwendung
In dieser Zeile wird die Summe der Spalte Mittelverwendung dargestellt.

Summe Mittelherkunft
In dieser Zeile wird die Summe der Spalte Mittelherkunft dargestellt.

5.2 Analysemöglichkeiten mithilfe der Bewegungsbilanz

Nachdem wir uns nun ausführlich den Aufbau und die grundlegenden Aussagen der Bewegungsbilanz angesehen haben, möchte ich in diesem Kapitel für Sie zusammenfassen, inwiefern bzw. wobei Ihnen die Bewegungsbilanz bei der Unternehmensanalyse helfen kann.

Während die Kostenstatistik I die Ertragslage des Unternehmens in Form der im Unternehmen angefallenen Erträge und Aufwendungen zeigt, weist die Bewegungsbilanz die Veränderungen von Vermögensgegenständen und Schulden aus. Dies ist besonders informativ im Hinblick auf die Mittelverwendung und Mittelherkunft. Es wird nämlich deutlich, wofür Sie im Auswertungszeitraum Mittel ausgegeben haben und woher diese Mittel stammen. Auf einen Blick erkennen Sie die Investitionen und deren Finanzierung.

Besonders wichtig ist dabei der Zusammenhang der Kostenstatistik I und der Bewegungsbilanz im Hinblick auf das vorläufige Ergebnis/den Gewinn. Es kommt gar nicht so selten vor, dass Unternehmer nach dem Betrachten der Kostenstatistik I und des vorläufigen Ergebnisses große Augen machen, weil ein vermeintlicher Gewinn nicht auf ihrem Konto zu finden ist. »Wo ist der Gewinn denn hingekommen?«, lautet dann oft die Frage. Wenn Sie beide Auswertungen zusammen betrachten, können Sie schnell herausfinden, wohin der Gewinn Ihres Unternehmens geflossen ist. Das vorläufige Ergebnis der Kostenstatistik I wird ja, wenn ein Gewinn vorliegt, im Block Mittelherkunft in die Bewegungsbilanz übernommen. Was heißt das für Ihre Analyse? Nachdem Sie zunächst über die Kostenstatistik I herausfinden konnten, wie sich das Unternehmensergebnis zusammensetzt, schließt sich daran mit der Betrachtung der

Bewegungsbilanz die Auswertung der Ergebnisverwendung an. Der nächste Analyseschritt ist also nun, die Frage zu klären, wohin diese Mittel im Unternehmen geflossen sind.

Hinweis

Da dies so essenziell ist, hier noch einmal der Hinweis: Sehen Sie sich unbedingt immer das Verhältnis von Gewinn und Privatentnahmen an. Haben Sie mehr Mittel im Bereich »Privat« entnommen, als »Gewinn« im Bereich Mittelherkunft zugeflossen ist, muss Ihnen bewusst sein, dass Sie über Ihre unternehmerischen Verhältnisse gelebt haben, da Sie mit Ihrem Unternehmensgewinn Ihre Privatentnahmen nicht finanzieren konnten.

Lassen Sie uns am Ende dieses Kapitels nochmals einen Blick auf die Zahlen des Unternehmens Don Bardo werfen:

Beispielunternehmen Don Bardo

Auszug aus der Bewegungsbilanz bis Ende Juni				
	Mittelverwendung		Mittelherkunft	
	erh. Aktiva min. Passiva	%	erh. Passiva min. Aktiva	%
Sachanlagen	38.515,81 EUR	19,00	7.000,00 EUR	3,45
Forderungen	135.395,45 EUR	66,78		
Verbindlichkeiten	4.500,00 EUR	2,22	126.611,60 EUR	62,45
Privat	12.324,90 EUR	6,08	384,00 EUR	0,19
Gewinn			32.604,54 EUR	16,08

Wofür hat Herr Bardo Mittel verwendet? Die größten Teile der Mittel fließen in die Erhöhung des Forderungsbestandes (66,78 %) und in die Investition von Sachanlagevermögen (19,00 %). Gleichzeitig kommen die Mittel des Unternehmens vorwiegend aus dem Bereich der Verbindlichkeiten (62,45 %). 16,08 % der Mittel stammen aus dem Unternehmensgewinn. Seine privaten Entnahmen konnten durch den erzielten Gewinn gedeckt werden.

6 Bin ich denn überhaupt flüssig? Die statische Liquidität

Die statische Liquidität beschreibt die Zahlungsfähigkeit eines Unternehmens zu einem gewissen Zeitpunkt. Die Frage ist also, können Sie – zu einem bestimmten Stichtag – Ihren kurzfristigen Zahlungsverpflichtungen nachkommen? Bedenken Sie, Unternehmenserfolg heißt nicht zugleich Liquidität. Bei der Liquidität geht es darum, tatsächlich »flüssig« zu sein, also liquide Mittel z. B. in Form von Kassenbestand oder Bankguthaben zu besitzen. Einen Ertrag zu erwirtschaften, der in der Kostenstatistik I das Ergebnis erhöht, bedeutet noch nicht, dass Sie auch tatsächlich flüssige Mittel aufgrund dieses Ertrags haben. Ein Ertrag ist nämlich noch keine Einzahlung. Erst wenn der Kunde seine Rechnung bezahlt, werden aus dem Ertrag auch flüssige Mittel. Umgekehrt ist es ebenso. Aufwendungen, die das Ergebnis bei der Erfolgsauswertung mindern, sind nicht immer auch Auszahlungen.

Das folgende Beispiel eines PKW-Kaufs soll verdeutlichen, warum Aufwendungen aus der Kostenstatistik I nicht zugleich zwingend den Abfluss von Liquidität bedeuten.

Beispiel

Wenn Sie einen betrieblichen PKW kaufen und sofort per Banküberweisung bezahlen, dann wird dieser als Anlagevermögen in Ihrer Bilanz aktiviert und es fließen flüssige Mittel ab. Nehmen Sie noch einmal die Kostenstatistik I zur Hand. Hat dieser Geschäftsvorfall eine Auswirkung auf den Unternehmenserfolg, also auf den Gewinn und Verlust des Unternehmens? Erfolgswirksam sind Vorgänge, die zu Gewinn bzw. zu Verlust führen und folglich das Eigenkapital Ihres Unternehmens verändern, also Ihr Unternehmen reicher oder ärmer machen.

Wie sieht das bei einem PKW-Kauf aus? Werden Sie – obwohl Geld für den Kauf abfließt – tatsächlich »ärmer«? Im Endeffekt haben Sie ja nur getauscht. Sie haben das Geld gegen einen Vermögensgegenstand in eben diesem Wert eingetauscht. Oder buchhalterisch ausgedrückt: Hier wird gebucht: Fuhrpark an Bank. Das sind zwei Bestands-, also Bilanzkonten. Erfolgskonten, die ja in der Erfolgsauswertung Kostenstatistik I abgebildet sind, werden durch diesen Sachverhalt nicht angesprochen. Dagegen hat der Geschäftsvorfall aber durchaus eine Auswirkung auf Ihre Liquidität. Sie haben das Fahrzeug über Ihr Bankkonto bezahlt. Das Geld dafür ist abgeflossen.

Wann wirkt sich der PKW-Kauf denn dann auf Ihren Erfolg aus? Wann erfolgt die Gewinnminderung? Richtig! Wenn das Fahrzeug tatsächlich genutzt, also abgeschrieben wird. Es also durch Verschleiß und Alter weniger wert geworden ist. Erst die Nutzung wirkt sich auf den Erfolg aus. Wenn wir es nochmal buchhalterisch betrachten: Bei den Abschreibungen wird Abschreibungsaufwand an Fuhrpark gebucht. Was heißt das für Ihre Liquidität? Nichts! Durch die Abschreibungsverbuchung fließen ja keine flüssigen Mittel ab.

Seien Sie sich bewusst, dass Ihre Liquiditätskennzahlen eine reine Stichtagsbetrachtung darstellen. Bei der Berechnung der Liquiditätskennzahlen werden nämlich die verfügbaren Mittel und Zahlungsverpflichtungen zu einem bestimmten Auswertungszeitpunkt gegenübergestellt. Was in diese Kennzahlen nicht miteinfließt sind die Fälligkeiten. Es ist nicht ersichtlich, wann die einbezogenen Verbindlichkeiten getilgt werden müssen bzw. wie lange die Schuldner der Forderungen noch Zeit haben, diese zu begleichen.

Die Darstellung der Auswertungen zur statischen Liquidität ist bei DATEV und Lexware unterschiedlich. Bei DATEV gibt es eine separate betriebswirtschaftliche Auswertung für die Liquiditätskennzahlen.

Bei Lexware hingegen finden Sie die berechneten Kennzahlen in Prozentwerten in tabellarischer Form unter *Berichte → Auswertung → Kennzahlen.* Die folgenden Erklärungen beziehen sich deswegen explizit auf die Lexware-Kennzahlen, lassen sich aber, was die Aussagen der Kennzahlen betrifft, auch auf die Berechnungen der DATEV übertragen.

6.1 Aufbau der Liquiditätskennzahlen

Die Liquiditätskennzahlen werden in Form einer Monats- bzw. einer Quartalstabelle mit vier Spalten ausgegeben. Dabei erfolgt die Gegenüberstellung von Soll-Werten in % und Ist-Werten in % sowie die Berechnung der Abweichung der Soll- und Ist-Werte in %.

Im Menü Kennzahlen sind die Liquiditätsgrade des Unternehmens unter Betriebswirtschaftliche *Kennzahlen → Kennzahlen der Finanzierung* zu finden.

Auszug aus Liqudität I. Grades			
Monat	**Soll (%)**	**Ist (%)**	**Differenz (%)**
Juni	15,37	10,22	5,15

Die erste Spalte weist die verschiedenen Auswertungszeiträume, die zweite Spalte die Soll-Werte in %, die dritte Spalte die Ist-Werte in % und die vierte Spalte die Differenz zwischen den Soll- und Ist-Werten aus.

Standardmäßig lassen sich über die meisten Buchhaltungsprogramme drei Liquiditätsgrade berechnen. Sie unterscheiden sich darin, welche Vermögenspositionen in die Betrachtung zur Deckung des kurzfristigen Fremdkapitals miteinbezogen werden.

Hinweis

In den Auswertungen zur Liquidität von Lexware werden die Ist-Werte in % den Soll-Werten in % gegenübergestellt. Soll-Werte werden allerdings nur dann angezeigt, wenn diese im Buchhaltungsprogramm hinterlegt sind. Die von Ihnen angestrebten Soll-Werte müssen also erst einmal in Ihr Programm eingepflegt werden.

Die Soll-Werte für die Liquidität können über die jeweiligen Konten-Soll-Werte in Lexware unter *Ansicht* → *Kontenplan* → *Doppelklick auf entsprechendes Konto* → *Budget* angelegt werden. Um exakte Planwerte anzeigen zu können, müssen Sie sich im Vorfeld schon detailliert Gedanken zu den Budgets der einzelnen Bestandskonten für die jeweiligen Auswertungszeiträume machen.

Die Betrachtung der Ist-Werte für die Liquidität funktioniert aber auch ohne die Hinterlegung von Soll-Werten. Es werden dann eben nur die tatsächlich bestehenden Ist-Werte angezeigt.

6.2 Die Liquidität I. Grades

Unter der Liquidität I. Grades versteht man die sog. kurzfristige Zahlungsfähigkeit. Die Formel zur Berechnung lautet:

$$\frac{\text{flüssige Mittel} \times 100}{\text{kurzfristiges Fremdkapital}}$$

Was sagt diese Formel eigentlich aus? Die flüssigen Mittel eines Unternehmens werden ins Verhältnis zum kurzfristigen Fremdkapital gesetzt. Die Kennzahl zeigt, inwiefern Ihre flüssigen Mittel ausreichen, um kurzfristiges Fremdkapital zu decken. Um das Verhältnis genauer verstehen zu können, muss man allerdings auch die Zusammensetzung der eingesetzten Werte kennen:

Flüssige Mittel:

Kasse
Bank
Schecks
Sonstige Wertpapiere

Kurzfristiges Fremdkapital:

Wechselverbindlichkeiten
Verbindlichkeiten bis zu einem Jahr
Finanzkonten (Haben)
Debitoren (Haben) Kreditoren (Haben)
Interimskonten (Haben)
Umsatzsteuer-Zahllast
Passive Rechnungsabgrenzung
Steuer- und sonst. Rückst.
Sonstige Verbindlichkeiten

Beispielunternehmen Don Bardo

Auszug aus Liqudität I. Grades			
Monat	**Soll (%)**	**Ist (%)**	**Differenz (%)**
Juni	15,37	10,22	5,15

In der Auswertung zur Liquidität I. Grades ist ein Ist-Wert von 10,22% aufgeführt, dem ein geplanter Soll-Wert von 15,37% – also eine Abweichung von 5,15% – gegenübergestellt ist. Das bedeutet, dass eine Deckung des kurzfristigen Fremdkapitals zu 10,22% durch flüssige Mittel möglich ist.

Das kurzfristige Fremdkapital setzt sich bei Herrn Bardo aus folgenden Positionen zusammen:

Konto-Nummer SKR 04	**Bezeichnung**
3035	Gewerbesteuerrückstellung, § 4 Abs. 5b EStG
3300	Verbindlichkeiten aus Lieferungen und Leistungen
3720	Verbindlichkeiten aus Lohn- und Gehalt
3730	Verbindlichkeiten aus Lohn- und Kirchensteuer
3740	Verbindlichkeiten im Rahmen der sozialen Sicherheit
3806/1406	Umsatzsteuer 19% abzgl. abziehbare Vorsteuer 19%
3841	Umsatzsteuer Vorjahr

Der Bestand an flüssigen Mitteln ergibt sich aus folgenden Konten:

Konto-Nummer SKR 04	Bezeichnung
1600	Kasse
1700	Bank (Postbank)
1800	Bank

Die Liquidität I. Grades – auch »Cash Ratio« genannt – mit einem Wert von 100% würde heißen, dass das komplette kurzfristige Fremdkapital zum betrachteten Stichtag durch die flüssigen Mittel gedeckt werden könnte.

Achtung

Ich möchte noch einmal betonen: Wie auch bei der Liquidität II. und III. Grades stellt die Liquidität I. Grades eine reine Stichtagsbetrachtung dar. Haben Sie nur einen Tag später durch Privatentnahmen Ihren Kassenbestand deutlich verringert oder neue vertragliche Verpflichtungen aufgenommen, die sich aber noch nicht in der Buchhaltung niedergeschlagen haben, kann die Kennzahl völlig anders aussehen.

Allgemeine Aussagen darüber, welche Prozentsätze bei den Liquiditätskennzahlen anvisiert werden sollten, sind schwierig. Zu unterschiedlich wird das in der Literatur betrachtet. Die meisten Quellen aber sprechen von einem Wert um die 20% für die Liquidität I. Grades. Das kurzfristige Fremdkapital sollte demzufolge zu ca. 20% durch die flüssigen Mittel gedeckt sein. Es gibt allerdings auch Stimmen, die eine Liquidität I. Grades von mehr als 10% als zu hoch erachten und dafür plädieren, wenn möglich unter 10% zu bleiben.

6.3 Die Liquidität II. Grades

Die Liquidität II. Grades wird auch als die mittelfristige Zahlungsfähigkeit des Unternehmens bezeichnet.

Berechnet wird diese Kennzahl mit folgender Formel:

$$\frac{(\text{flüssige Mittel} + \text{Forderungen}) \times 100}{\text{kurzfristiges Fremdkapital}}$$

Die Formel der Liquidität I. Grades wird im Zähler um die Forderungen erweitert. Die Kennzahl gibt insofern Auskunft darüber, inwieweit die flüssigen Mittel zusammen mit den kurzfristigen Forderungen ausreichen, um das kurzfristige Fremdkapital zu decken.

Die Zusammensetzung der flüssigen Mittel und des kurzfristigen Fremdkapitals entspricht den in Kapitel 6.2 aufgeführten Tabellen. Die Forderungen beinhalten folgende Positionen:

Forderungen
Debitoren (Soll)
Kreditoren (Soll)
Vorsteuerüberhang
Interimskonten (Soll)
aktive Rechnungsabgrenzung

Beispielunternehmen Don Bardo

Auszug aus Liquidität II. Grades			
Monat	**Soll (%)**	**Ist (%)**	**Differenz (%)**
Juni	135,42	145,24	-9,83

Die Liquidität II. Grades weist einen Ist-Wert von 145,24% und einen geplanten Soll-Wert von 135,41% aus. Es besteht also zwischen Soll- und Ist-Wert eine Abweichung von -9,83%.

Wie sich bei Herrn Bardo das kurzfristige Fremdkapital zusammensetzt, haben Sie bereits im vorherigen Kapitel 6.2 erfahren.

Es wird zu 145,24% durch flüssige Mittel und Forderungen gedeckt.

Die flüssigen Mittel setzen sich folgendermaßen zusammen:

Konto-Nummer SKR 04	**Bezeichnung**
1600	Kasse
1700	Bank (Postbank)
1800	Bank

Zu den flüssigen Mitteln kommen noch folgende Positionen dazu:

Konto-Nummer SKR 04	**Bezeichnung**
1200	Forderungen aus Lieferungen und Leistungen
1900	Aktive Rechnungsabgrenzung

Auch bei dieser Kennzahl würde also ein Wert von 100% bedeuten, dass die flüssigen Mittel zusammen mit allen schnell einziehbaren Forderungen komplett ausreichen würden, um die kurzfristigen Verbindlichkeiten zu decken. Mehrheitlich wird in der Praxis ein Wert für die Liquidität II. Grades, auch »Quick Ratio« genannt, von mindestens 100% gefordert. Die flüssigen Mittel sollen folglich zusammen mit den Forderungen ausreichen, um das kurzfristige Fremdkapital zu decken. Liegt die Liquidität II. Grades in Ihrem Unternehmen deutlich unter den 100%, sollten Sie sich auf die Suche nach den Ursachen machen. Liegen vielleicht zu viele Vorräte auf Lager, während es Probleme mit dem Absatz gibt, was hohe Verbindlichkeiten aus Lieferungen und Leistungen gegenüber niedrigen Forderungen aus Lieferungen und Leistungen bedeutet?

6.4 Die Liquidität III. Grades

Die Liquidität III. Grades wird auch als »langfristige Liquidität« bezeichnet.

$$\frac{(\text{flüssige Mittel} + \text{Forderungen} + \text{Vorräte}) \times 100}{\text{kurzfristiges Fremdkapital}}$$

Diese Liquiditätskennzahl erweitert den Zähler der Formel nochmals und zeigt nun, inwieweit das gesamte Umlaufvermögen das kurzfristige Fremdkapital decken kann. Das gesamte Umlaufvermögen eines Unternehmens besteht aus den Positionen:

- Forderungen,
- Vorräte,
- flüssige Mittel.

Aus welchen Buchungskonten das kurzfristige Fremdkapital im Detail besteht, können Sie nochmals in Kapitel 6.2 »Die Liquidität I. Grades« nachlesen. Vergleicht man die Formeln zur Berechnung der unterschiedlichen Liquiditätsgrade, erkennt man, dass bei der Berechnung der Liquidität III. Grades auch die Vorräte mit in die Berechnung einbezogen werden. Nun wird folglich gezeigt, ob die flüssigen Mittel zusammen mit dem Einziehen von Forderungen sowie dem Verkauf von Vorräten zum betrachteten Stichtag ausreichen, um das kurzfristige Fremdkapital zurückzuzahlen. Allerdings sollten Sie bedenken, dass ein Verkauf von Vorräten unter Umständen im Unternehmensalltag gar nicht so einfach zu realisieren ist.

Wie auch bei den anderen Liquiditätskennzahlen ist es grundsätzlich schwierig, einen Wert zu benennen, den Sie bei der Liquidität III. Grades – auch »Current Ratio« genannt – anstreben sollten. Im Allgemeinen lässt sich aber festhalten, dass sich der Wert grundsätzlich im Bereich von 150% bis 200% bewegen sollte. Denn stellen Sie sich vor, hier ergäbe sich ein Wert von unter 100%: Dies würde heißen, dass allein zur Deckung der kurzfristigen Verbindlichkeiten sogar Anlagevermögen verkauft werden müsste.

Hinweis

Bitte beachten Sie auch bei den Liquiditätskennzahlen die enorme Wichtigkeit der korrekten Buchhaltungsdaten. So kann beispielsweise die Liquidität III. Grades nur verlässliche Aussagen liefern, wenn die Vorräte mit den exakten Werten in die zugrundeliegende Buchhaltung eingehen. Wenn also unterjährig keine laufende Bestandsermittlung im Zuge der Buchhaltung erfolgt, hat die Liquidität III. Grades nur begrenzte Aussagekraft.

Beispielunternehmen Don Bardo

Auszug aus Liquidität III. Grades			
Monat	**Soll (%)**	**Ist (%)**	**Differenz (%)**
Juni	154,26	163,98	-9,72

Die Liquidität III. Grades hat im Juni einen Wert von 163,98%. Der geplante Soll-Wert liegt bei 154,26%. Wie sich das kurzfristige Fremdkapital zusammensetzt wissen Sie bereits aus dem aus Kapitel 6.2.

Es wird zu 163,98% durch die folgenden Mittel gedeckt:

Konto-Nummer SKR 04	Bezeichnung
1600	Kasse
1700	Bank (Postbank)
1800	Bank
1200	Forderungen aus Lieferungen und Leistungen
1900	Aktive Rechnungsabgrenzung
1140	Waren

7 Wie sind die Erkenntnisse einzuordnen? Vergleichende Auswertungen

Die Analyse der wirtschaftlichen Lage eines Unternehmens ist an sich schon interessant, noch interessanter aber wird es, wenn Sie die verschiedenen Auswertungen miteinander vergleichen. Dafür gibt es grundsätzlich zwei Wege. Einen rückblickenden Vergleich in Form eines Vorjahres- oder Periodenvergleichs oder eine »Zukunftsschau«, also die Betrachtung von angestrebten Soll-Werten und tatsächlich erreichten Ist-Werten. Beides sind Analysen, die sich auf die Ertragslage des Unternehmens beziehen und den Fokus auf den Unternehmenserfolg legen. Im Grunde ist es zwar für ein Unternehmen wichtiger, nach vorne zu schauen, trotzdem lohnt es sich aber auch, einen Blick zurückzuwerfen. In diesem Kapitel beschäftigen wir uns mit genau diesen beiden Auswertungsformen, denn auch diese gehören grundsätzlich zu den typischen BWA-Arten.

Je nach verwendeter Buchhaltungssoftware gibt es auch bei diesen BWA-Formen marginale Unterschiede im Aufbau oder bei den Bezeichnungen.

7.1 BWAs als Vergleiche mit vergangenen Perioden

Bei Lexware sind standardmäßig zwei vergleichende retrospektive BWA-Typen hinterlegt, der sog. Periodenvergleich und der Vorjahresvergleich. Der in der Lexware-Buchhaltungswelt als Periodenvergleich bezeichnete Auswertungstyp ist eine Unterart der einfachen BWA[37]. Der Aufbau ist an das Schema der einfachen Lexware-BWA angelehnt. Der Vorjahresvergleich dagegen ist ein Subtyp der erweiterten BWA und orientiert sich folglich an ihrem Aufbauschema. Doch zunächst zum Periodenvergleich.

7.1.1 Periodenvergleich

Wie auch die einfache BWA ist der Periodenvergleich eine relativ kompakte Form der Auswertung. Die Postenzusammensetzung in der einfachen BWA ist ja etwas anders als in der Kostenstatistik I. Zudem zeigt die Auswertung nur die absoluten Euro-Beträge der einzelnen Positionen und keine Veränderungen der einzelnen Positionen. Beim Periodenvergleich kann aber individuell ausgewählt werden, welche Perioden miteinander verglichen werden sollen. Dies ist besonders von Vorteil, wenn Sie zwei bestimmte Zeiträume im direkten Vergleich betrachten möchten.

37 Siehe Kapitel 4.1.1 »Die einfache BWA für einen schnellen Überblick«.

Betriebswirtschaftliche Auswertung zum 30. Juni

Johann Bardo Don Bardo Einrichtung & Deko, Rebenstraße 1, 12345 Weinstadt

Vergleichszeitraum: 01.06.–30.06.

	EUR	Vergleich
Umsatzerlöse	48.307,84	34.453,78
Bestandsveränderung FE/UE	8.500,00	-2.500,00
Sonstige betriebliche Erträge	500,00	500,00
Gesamtleistung	57.307,84	32.453,78
Wareneinkauf	-36.612,27	-17.436,98
Waren/Material	-36.612,27	-17.436,98
Personalkosten	-6.590,40	-6.576,00
Raumkosten	-1.134,45	-1.421,20
Versich./Beiträge	-220,00	-240,00
Kfz-Kosten	-635,26	-835,10
Werbe-/Reisekosten	-2.435,68	-663,33
Kosten Warenabgabe	-300,00	0,00
Abschreibungen	-1.750,00	-1.750,00
Reparatur/Instandhaltung	-621,85	-84,03
Sonstige Kosten	-3.394,21	-852,87
Nicht abzugsfähige Betriebsausgaben	-28,20	0,00
Gesamtkosten	-17.110,05	-12.422,53
Betriebsergebnis	3.585,52	2.594,27
Zinsaufwand	-186,66	-85,00
Übrige Steuern	-106,00	-31,00
Neutraler Aufwand	-292,66	-116,00
Sonst. neutral. Ertrag	200,00	0,00
Neutraler Ertrag	200,00	0,00
Ergebnis	**3.492,86**	**2.478,27**

Hinweis

Die Zusammensetzung der Posten können Sie über die Menüpunkte *Berichte → Auswertungsaufbau → 2 BWA* nachschlagen bzw. individuell verändern.

7.1.2 Vorjahresvergleich

Der Vorjahresvergleich bei Lexware ist ein Auswertungstyp der erweiterten BWA und somit auch unter *Berichte → Auswertungsaufbau → 2 BWA* zu finden.

In dieser Auswertung kann nur der jeweils ausgewählte Zeitraum mit der entsprechenden Periode des Vorjahres verglichen werden. Allerdings kann hierbei die Analyse wesentlich mehr in die Tiefe gehen als beim Periodenvergleich, da der Vorjahresvergleich auch die Abweichungen des aktuellen vom vergangenen Zeitraum absolut und prozentual und zudem auch die kumulierten Jahreswerte des aktuellen und vergangenen Auswertungszeitraums sowie deren Veränderung gegenüberstellt.

Lassen Sie uns jetzt einen Blick auf einen Auszug aus dem Lexware-Vorjahresvergleich des Unternehmens Don Bardo werfen. Den vollständigen Vorjahresvergleich finden Sie im Anhang und online bei den digitalen Extras.

Betriebswirtschaftliche Auswertung A.

Johann Bardo Don Bardo Einrichtung & Deko, Rebenstraße 1, 12345 Weinstadt

	Juni		Veränderung	
	aktuell	**Vorjahr**	**Betrag**	**In %**
Umsatzerlöse	48.307,84	34.453,78	13.854,06	40.21 %
Bestandsveränderung F/U Erz				--.-- %
Aktivierte Eigenleistungen				--.-- %
Gesamtleistung	48.307,84	34.453,78	13.854,06	40.21 %
Mat./Warenverbr.	28.112,27	19.936,98	8.175,29	41.01 %
Rohertrag	**20.195,57**	**14.516,80**	**5.678,77**	**39.12 %**
So. betr. Erlöse	700,00	500,00	200,00	40.00 %
Betriebl. Rohertrag	**20.895,57**	**15.016,80**	**5.878,77**	**39.15 %**
Personalkosten	6.590,40	6.576,00	14,40	0.22 %
Raumkosten	1.134,45	1.126,05	8,40	0.75 %
…				
…				
Reparatur/Instandhaltung	453,78	295,15	158,63	53.75 %
sonstige Kosten	4.696,70	1.155,39	3.541,31	306.50 %
Gesamtkosten	**17.141,05**	**12.453,53**	**4.687,52**	**37.64 %**
Betriebsergebnis	**3.754,52**	**2.563,27**	**1.191,25**	**46.47 %**
Zinsaufwand	186,66	85,00	101,66	119.60 %
…				
Neutr. Aufwand Ges	**186,66**	**85,00**	**101,66**	**119.60 %**
…				
Neutr. Ertrag Ges				**--.-- %**
Ergebnis vor Steuern	**3.567,86**	**2.478,27**	**1.089,59**	**43.97 %**
Steuern Einkommen und Ertrag	75,00		75,00	--.-- %
Vorl. Ergebnis	**3.492,86**	**2.478,27**	**1.014,59**	**40.94 %**

Kostenstatistik I Vorjahresvergleich Juni

in €

	Jahreswerte		Veränderung	
	aktuell	**Vorjahr**	**aktuell**	**Vorjahr**
Umsatzerlöse	272.967,86	196.218,49	76.749,37	39.11 %
Bestandsveränderung F/U Erz				--,-- %
Aktivierte Eigenleistungen				--,-- %
Gesamtleistung	**272.967,86**	**196.218,49**	**76.749,37**	**39.11 %**
Mat./Warenverbr.	161.116,66	120.500,00	40.616,66	33.71 %
Rohertrag	**111.851,20**	**75.718,49**	**36.132,71**	**47.72 %**
So. betr. Erlöse	4.200,00	2.680,67	1.519,33	56.68 %
Betriebl. Rohertrag	**116.051,20**	**78.399,16**	**37.652,04**	**48.03 %**
Personalkosten	39.542,40	31.060,80	8.481,60	27.31 %
Raumkosten	6.806,72	6.756,30	50,42	0.75 %
…				
…				
Reparatur/Instandhaltung	703,78	295,15	408,63	138.45 %
Sonstige Kosten	17.613,13	9.036,48	8.576,65	94.91 %
Gesamtkosten	**86.077,34**	**65.458,39**	**20.618,95**	**31.50 %**
Betriebsergebnis	**29.973,86**	**12.940,77**	**17.033,09**	**131.62 %**
Zinsaufwand	1.120,00	510,00	610,00	119.61 %
…				
Neutr. Aufwand Ges	**1.120,00**	**510,00**	**610,00**	**119.61 %**
…				
Neutr. Ertrag Ges	**4.200,68**		**4.200,68**	**--,-- %**
Ergebnis vor Steuern	**33.054,54**	**12.430,77**	**20.623,77**	**165.91 %**
Steuern Einkommen und Ertrag	450,00		450,00	--,-- %
Vorl. Ergebnis	**32.604,54**	**12.430,77**	**20.173,77**	**162.29 %**

7.1.3 Analysemöglichkeiten mithilfe der rückblickenden Vergleichsauswertungen

Viele Unternehmer tun sich im ersten Augenblick schwer, die Werte der Kostenstatistik I in den unternehmerischen Kontext einzuordnen. Ein hoher Gewinn deutet zunächst auf eine positive Entwicklung hin, aber vielleicht war das Ergebnis im Vorjahreszeitraum besser? Vielleicht ist die Unternehmensentwicklung trotz positivem Ergebnis insgesamt sogar rückläufig? Vielleicht ist Ihr Unternehmen auch saisonalen Schwankungen ausgesetzt und Sie möchten gerne die Zahlen im Vergleich zur Saison im vorigen Jahr sehen.

Rückblickende Vergleichsauswertungen eignen sich besonders gut, wenn Sie Ihre aktuellen Zahlen in die bisherige Unternehmensentwicklung einordnen möchten.

Achtung

Bevor Sie Unternehmensanalysen mithilfe von Vorjahresauswertungen anstellen, vergewissern Sie sich bitte, dass Sie alle Buchungen wie im Vorjahr erfasst und an Ihrer Buchungssystematik nichts verändert haben.

Ein großer Kritikpunkt der vergleichenden BWAs, die die jetzige Lage im Vergleich zur bisherigen Unternehmensentwicklung darstellen, ist, dass diese Art der Auswertung nur die Unternehmensvergangenheit miteinbezieht. Prognosen und Planungen bleiben bei diesen Wertevergleichen außen vor. Wenn Sie überprüfen möchten, ob sich Ihr Unternehmen auch im Sinne Ihrer Planungen entwickelt, eignen sich die im folgenden Kapitel erläuterten betriebswirtschaftlichen Auswertungen in Form der Soll-Ist-Vergleiche.

Beispielunternehmen Don Bardo

	Juni		Veränderung	
	aktuell	Vorjahr	Betrag	In %
Umsatzerlöse	48.307,84 EUR	34.453,78 EUR	13.854,06 EUR	40,21
Mat./Warenverbr.	28.112,27 EUR	19.936,98 EUR	8.175,29 EUR	41,01
Rohertrag	20.195,57 EUR	14.516,80 EUR	5.678,77 EUR	39,12
Telefonkosten	240,00 EUR	100,84 EUR	139,16 EUR	138,00
Reisekosten	734,00 EUR	344,00 EUR	390,00 EUR	113,37
Sonstige Kosten	4.696,70 EUR	1.155,39 EUR	3.541,31 EUR	306,50
Vorl. Ergebnis	3.492,86 EUR	2.478,27 EUR	1.014,59 EUR	40,94

> Beim Vergleich des Vorjahres mit dem laufenden Jahr lässt sich im Juni eine deutliche Steigerung der Umsatzerlöse gegenüber dem Vorjahr erkennen (+ 40,21 %). Entsprechend hat sich auch der Warenverbrauch erhöht (+ 41,01 %). Auch was den Rohertrag betrifft, liegt eine deutliche Steigerung von fast 40 % vor. Ein starker Anstieg der Aufwendungen findet sich im Bereich der Telefonkosten sowie im Bereich der Reisekosten und sonstigen Kosten, was an der Fortbildung im Juni liegt.

7.2 BWAs als Soll-Ist-Vergleich

Das Unternehmerleben ist voll von Planungen. Wie hoch soll der zukünftige Umsatz sein? Wo können in der Zukunft welche Kosten eingespart werden? Welcher Gewinn wird angestrebt? Im unternehmerischen Leben blickt man generell viel mehr nach vorn als zurück. Detaillierte Planungen, wie es mit dem Unternehmen weitergehen soll, welche Ziele erreicht werden sollen und wie sich das Unternehmen entwickeln soll gehören zum unternehmerischen Alltag. Insofern sind die betriebswirtschaftlichen Auswertungen, welche die Planungen im Unternehmen den tatsächlichen Zahlen gegenüberstellen, sehr wichtig für die Unternehmensanalyse.

Mithilfe dieser Auswertungen können Sie prüfen, ob sich die Entwicklung Ihres Unternehmens zahlenmäßig so darstellt, wie Sie es sich vorgestellt haben. Lexware bietet dafür den Soll-Ist-Vergleich. Der Soll-Ist-Vergleich ist eine Auswertungsform der einfachen BWA und orientiert sich an ihrem Gliederungsschema.[38]

Hinweis

Auswertungsbasis des Soll-Ist-Vergleichs ist die einfache BWA. Für eine gute Vergleichbarkeit mit der Kostenstatistik I bietet es sich an, die in der Kostenstatistik I zugeordneten Konten mit der Zuordnung in der einfachen BWA zu vergleichen und ggf. anzupassen. Letztlich ist es Geschmackssache, welchen Postenzusammenfassung Ihnen als Leser an-genehmer ist.

Über *Berichte → Auswertungsaufbau → 2 BWA* kann die Zuordnung der Konten zu den BWA-Posten individuell angepasst werden. Über die Markierung der jeweiligen BWA-Position und Auswahl der Schaltfläche »Kontenzuordnung« lassen sich die diesem Posten standardmäßig zugeordneten Posten anzeigen bzw. Konten zu- oder wegordnen.

Wie auch beim Periodenvergleich ist der Aufbau der Auswertung dreigeteilt. Die erste Spalte weist die Positionen aus, die zweite Spalte die Ist-Werte des aktuellen Zeitraums und Spalte 3 die geplanten Soll-Werte der Positionen.

38 Siehe Kapitel 4.1.1 »Die einfache BWA für einen schnellen Überblick«.

Hinweis

Die Soll-Werte werden nur ausgegeben, wenn Sie Budgetwerte in der Lexware Buchhaltungssoftware hinterlegt haben. Sie müssen sich also grundsätzlich Gedanken darüber machen, wie hoch Ihr Budget für die Erträge und Aufwendungen in den einzelnen Auswertungszeiträumen sein soll und diese Werte dann unter *Verwaltung → Kontenverwaltung → Doppelklick auf entsprechendes Konto → Budget* erfassen.

Analysemöglichkeit des Soll-Ist-Vergleichs

Der Soll-Ist-Vergleich eignet sich, um zu überprüfen, ob sich Ihr Unternehmen erwartungsgemäß entwickelt. Sinnvoll ist die Analyse dieser Auswertung aber nur, wenn die hinterlegten Soll-Werte auch auf Basis einer fundierten Planung erstellt worden sind. Ein brauchbarer Soll-Ist-Vergleich ist in erster Linie einmal mit viel Arbeit verbunden, denn solide Prognosewerte zu ermitteln, ist oft gar nicht so leicht und auch etwas zeitintensiver als der Vergleich mit vergangenen Unternehmenszahlen. Für die Zukunftsplanungen kann es daher sinnvoll sein, den Vorjahresvergleich als Planungsgrundlage zu verwenden. Hieran können Sie ja die vergangene Unternehmensentwicklung ablesen und die Werte zusammen mit den zusätzlichen Planungen für Ihr Unternehmen für die Zukunft hochrechnen.

Sind die Planungen für die Zukunft solide durchgeführt, ist der Soll-Ist-Vergleich ein exzellentes Controllinginstrument. Nach dem Erfassen der Belege im Buchhaltungsprogramm und dem Erstellen der Buchhaltung, können Sie sofort per Mausklick kontrollieren, ob sich Ihr Unternehmen im Sinne Ihrer Erwartungen entwickelt hat. Wenn sich Abweichungen von Ihren geplanten Zahlen ergeben, ist es so auch möglich, sofort zu reagieren und Gegenmaßnahmen zu ergreifen. Um genau zu bestimmen, wo sich Differenzen in Sammelposten, wie z. B. den sonstigen Kosten, ergeben, sollten Sie den Kontennachweis mitausdrucken. Dort sehen Sie dann genau, welches Budget Sie für welches Buchungskonto hinterlegt haben und wie hoch die verbuchten Aufwendungen im Auswertungszeitraum tatsächlich waren.

Beispielunternehmen Don Bardo

	EUR	Budget
Gesamtleistung	57.307,84	59.000,00
Wareneinkauf	-36.612,27	-35.000,00
Werbe-/Reisekosten	-2.435,68	-2.100,00
Sonstige Kosten	-3.394,21	-2.650,00
Betriebsergebnis	3.585,52	7.787,55
Sonst. neutr. Ertrag	200,00	0,00
Ergebnis	3.492,86	7.557,55

Vergleicht man die hinterlegten Soll-Werte mit den tatsächlich im Juni angefallenen Erträgen und Aufwendungen, ergibt sich beim Blick auf das vorläufige Ergebnis zunächst eine Unterdeckung des geplanten Ergebnisses von ca. 4.000,00 EUR. Warum bleibt die Unternehmensentwicklung hinter den Erwartungen von Herrn Bardo zurück? Betrachten Sie einmal die Gesamtleistung. Dort zeigt sich, dass es nur zu einer geringfügigen Abweichung nach unten kommt (1.692,16 EUR). Die restliche Abweichung muss folglich aus höheren Kosten resultieren. Diese stammen aus dem etwas erhöhten Wareneinkauf (1.612,27 EUR). Ferner sind die Werbe-/Reisekosten (335,68 EUR) und die sonstigen Kosten (744,21 EUR) höher als erwartet. Der zusätzliche sonst. neutr. Ertrag (200,00 EUR) konnte die erhöhten Aufwendungen etwas ausgleichen.

8 Eine besondere Auswertung: Die Rating BWA

Das folgende Kapitel bezieht sich auf die Rating BWA von Lexware. Die Rating BWA liegt eher selten auf dem Schreibtisch von Unternehmern – dennoch möchte ich Ihnen aber zumindest noch einen kurzen Überblick über den Aufbau dieser BWA-Auswertung geben. Da diese Auswertung in der Praxis eher selten verwendet wird, werden im folgenden Kapitel lediglich die Grundzüge der Rating-BWA dargestellt, ohne näher auf die Details einzugehen. Dieser Auswertungstyp versucht die Finanzbuchhaltung, die als externe Buchführung bezeichnet wird, mit der Kosten- und Leistungsrechnung, auch als interne Buchführung bekannt, zu verbinden.

Hinweis

Die Rating BWA unseres Beispielunternehmens Don Bardo finden Sie bei den digitalen Extras. Dort stehen Sie Ihnen zum Download zur Verfügung.

Der Aufbau der Rating BWA erinnert an die Kostenstatistik I, weist aber im Bereich der Aufwendungen zusätzlich auch kalkulatorische Kosten aus. Da die Zusammensetzung der Zwischenergebnisse etwas anders ist als in der Kostenstatistik I, sind auch die Kennzahlen und deren Bezugsgrößen nicht identisch mit der erweiterten BWA.

Hinweis

Bitte prüfen Sie unbedingt anhand den in Ihrer Kostenstatistik I ausgewiesenen Konten über die Kontenverwaltung, ob auch alle Buchungskonten in der Rating-BWA geschlüsselt sind. Dazu müssen Sie über *Verwaltung → Kontenverwaltung → Doppelklick auf das jeweilige Konto → BWA* die Zuordnung zu den Positionen der Rating BWA kontrollieren

8.1 Zeilenaufbau – die Positionen der Rating-BWA

Die Rating BWA geht wie auch die Kostenstatistik I von der Gesamtleistung des Unternehmens aus, die sich wie folgt zusammensetzt:

Umsatzerlöse
+ Bestandsveränderungen FE/UE
+ Aktivierte Eigenleistungen
= Gesamtleistung (1)

Eine Besonderheit dabei ist, dass die Umsatzerlöse nochmals untergliedert sind nach deren Herkunft, also danach, ob es sich um inländische Umsatzerlöse, Umsatzerlöse aus der EU oder einem Drittland handelt. Auch Preisnachlässe wie Skonti, Boni usw. werden in dieser Auswertung separat abgesetzt, damit die Umsatzerlöse sowohl zu 100% als auch vermindert um die Preisnachlässe ersichtlich sind.

Betrieblicher Rohertrag 1

Als erstes Zwischenergebnis wird in der Rating BWA der betriebliche Rohertrag 1 angegeben. Dieser stellt die Gesamtleistung (1) abzüglich dem effektiven Materialverbrauch und der Sachbezüge dar.

Hinweis

Beachten Sie bitte, dass im Warenbereich der Position »effektiver Materialverbrauch« in der Software standardmäßig nur Kt. 5000 geschlüsselt ist.

Betrieblicher Rohertrag 2

Die nächste Zwischengröße, die in der Rating BWA gezeigt wird, ist der betriebliche Rohertrag 2. Der betriebliche Rohertrag 1 und der betriebliche Rohertrag 2 unterscheiden darin, dass in den Rohertrag 2 Fremdleistungen einbezogen sind.

Hinweis

Der Ausweis der Fremdleistungen ist in der Rating BWA anders als in der Kostenstatistik I, denn dort sind die Fremdleistungen ein Teil der sonstigen Kosten.

Kalkulatorische variable Kosten

Der Block der kalkulatorischen Kosten verbindet nun die beiden Buchführungsbereiche externes und internes Rechnungswesen miteinander. Kalkulatorische Kosten sind im internen Rechnungswesen Kosten, die erst einmal kalkuliert, also berechnet werden müssen, damit man sie erfassen kann. Sie beruhen nicht auf dem Belegprinzip, wie es für die externe Buchführung gilt (denken Sie an den Grundsatz: »Keine Buchung ohne Beleg«), sondern werden als zusätzliche Kostenbestandteile im Sinne der Kalkulation mit in die BWA aufgenommen. Als Summe der ausgewiesenen kalkulatorischen Kosten ergibt sich laut Definition der Rating BWA die Summe variable Kosten (2).

Zu den kalkulatorischen Kosten gehören:

- Personalkosten,
- Raumkosten,
- Nebenkosten,
- sonstige betriebliche Steuern,
- Versicherungen und Beiträge,
- Gebühren und Abgaben,
- Kfz-Kosten,
- Werbe- und Reisekosten,

- Kosten der Warenabgabe,
- Reparatur und Instandhaltung,
- Leasingaufwand,
- Abschreibungen Anlagevermögen,
- Abschreibungen Umlaufvermögen,
- Abschreibungen GWG,
- übliche Forderungsverluste,
- sonstige Kosten.

Sie fragen sich nun vielleicht, was der Unterschied dieser kalkulatorischen Kosten zu den »normalen« Kosten ist, die Sie bisher in der Kostenstatistik I kennengelernt haben. Lassen Sie uns die kalkulatorischen Kosten exemplarisch am Beispiel der Abschreibungen besprechen.

Abschreibungen stellen ja grundsätzlich den Werteverzehr des Anlagevermögens dar. Vermögensgegenstände, die langfristig im Unternehmen bestehen, nutzen sich bekanntlich mit der Zeit durch technischen oder wirtschaftlichen Verschleiß ab. Diesen Wertezehr spiegelt die Abschreibung der Anlagegüter wider. Zur Abschreibungsberechnung gibt es eine Vielzahl von Vorschriften darüber, wie und über welchen Zeitraum die verschiedenen Anlagegüter im Bereich der externen Buchführung abgeschrieben werden müssen.

Beispielunternehmen Don Bardo

Stellen Sie sich vor, Herr Bardo würde einen Neuwagen mit Anschaffungskosten von 60.000,00 EUR erwerben. Die amtlichen AfA-Tabellen des Bundesfinanzministeriums geben eine Nutzungsdauer für PKW von 6 Jahren an. Der jährliche Wertezehr, ausgedrückt über die lineare Abschreibung, beträgt also 10.000,00 EUR.

$$\text{Abschreibung} = \frac{\text{Anschaffungskosten}}{\text{Nutzungsdauer}}$$

Im Bereich der kalkulatorischen Abschreibung wird nun versucht, den Werteverzehr der tatsächlichen unternehmerischen Situation anzupassen. Das heißt zum einen, dass zur Berechnung der kalkulatorischen Abschreibungen nicht die Anschaffungskosten über die Nutzungsdauer verteilt werden sollen, sondern die Wiederbeschaffungskosten abzüglich eines gewissen Restwertes, den das Wirtschaftsgut am Ende der Nutzungsdauer haben wird. Auch die Nutzungsdauer muss nicht den amtlichen Abschreibungstabellen entsprechen, sondern der tatsächlich erwarteten Nutzungsdauer.

Beispielunternehmen Don Bardo

Herr Bardo geht davon aus, dass die Wiederbeschaffungskosten des PKW 66.000,00 EUR betragen, da die Preise steigen werden. Eine Nutzung wird nur für 5 Jahre geplant. Ein verbleibender Restwert soll mit 11.000,00 EUR festgesetzt werden.

Die kalkulatorische Abschreibung wird über die folgende Formel berechnet:

$$\frac{\text{Wiederbeschaffungswert} - \text{Restwert}}{\text{Nutzungsdauer}}$$

$$= \frac{\text{66.000,00 EUR} - \text{11.000, 00 EUR}}{\text{5 Jahre}} = \text{11.000,00 EUR}$$

Im Gegensatz zur Abschreibung gem. AfA-Tabelle in Höhe von 10.000,00 EUR ergibt sich bei der kalkulatorischen Abschreibung ein Wert von 11.000,00 EUR.

Hinweis

Die kalkulatorischen Kosten können Sie in der Lexware Buchhaltungssoftware über die Budgetwerte erfassen. Über *Verwaltung → Kontenverwaltung → Doppelklick auf entsprechendes Konto → Budget* besteht die Möglichkeit, kalkulierte Kosten für jeden Auswertungszeitraum zu hinterlegen.

Die gesamten kalkulatorischen variablen Kosten werden vom betrieblichen Rohertrag 2 abgezogen und ergeben dann den Deckungsbeitrag.

Deckungsbeitrag

Der Deckungsbeitrag zeigt, wie viel vom Rohertrag (sprich von der Gesamtleistung abzüglich des Materialverbrauchs) abzüglich der kalkulierten variablen Kosten übrigbleibt. Der Deckungsbeitrag ist gewissermaßen Ihr kalkuliertes Betriebsergebnis (ausgenommen sind die sonstigen betrieblichen Erlöse). Wie hoch die tatsächlichen Kosten sind, wird dann im Anschluss an den Deckungsbeitrag in der Rubrik »Gesamtkosten« angeführt.

Gesamtkosten

Die Gesamtkosten sind die tatsächlich angefallenen Aufwendungen. Die Gliederung der Gesamtkosten entspricht der Gliederung der kalkulatorischen variablen Kosten.

Personalkosten (3)
Raumkosten

Nebenkosten
Sonstige betriebliche Steuern
Versicherungen und Beiträge
Gebühren und Abgaben
Kfz-Kosten
Werbe- und Reisekosten
Kosten der Warenabgabe
Reparatur und Instandhaltung
Leasingaufwand
Abschreibungen Anlagevermögen
Abschreibungen Umlaufvermögen
Abschreibungen GWG
Übliche Forderungsverluste
Sonstige Kosten

Zwischenergebnis Fixkosten
Im nächsten Schritt werden nun von den gesamten, tatsächlichen Kosten, die kalkulierten variablen Kosten abgezogen. Die Differenz wird in dieser Auswertung als Fixkosten bezeichnet und zeigt im Grunde, inwieweit Ihre Kalkulation von den tatsächlichen Aufwendungen abweicht.

Operatives Ergebnis I
Das operative Ergebnis I wird folgendermaßen berechnet:

Deckungsbeitrag
- Fixkosten
= Operatives Ergebnis I

Was sagt dieses Ergebnis aus? Das operative Ergebnis I zeigt, was von der Gesamtleistung abzüglich der Material-/Warenaufwendungen und Gesamtkosten übrigbleibt. Sondersachverhalte, wie nachfolgend beschrieben, sind bei diesem Ergebnis noch außen vor.

Operatives Ergebnis II
Das operative Ergebnis II ist ein weiteres Zwischenergebnis. Der Unterschied zum operativen Ergebnis I besteht darin, dass hier noch zusätzlich eine »AfA Goodwill« abgezogen wird.

Hinweis

AfA Goodwill was ist das eigentlich?

Der Goodwill, auf Deutsch der Geschäfts- und Firmenwert, ist, wie der Name schon sagt, der Wert Ihres Unternehmens. Es handelt sich quasi um einen immateriellen Vermögensgegenstand, der dadurch entsteht, dass das Vermögen (Vermögensgegenstände abzüglich Schulden) niedriger ist als der Unternehmenswert, der zum Beispiel beim Verkauf des Unternehmens erzielt werden könnte. Dieser tatsächliche Verkaufswert ist oftmals höher, da sich in einem Verkaufspreis z. B. auch Gewinnerwartungen, Kundenbeziehungen usw. widerspiegeln. Beim Kauf eines Unternehmens kaufen Sie also nicht nur »Vermögensgegenstände abzüglich Schulden«. Sie kaufen stattdessen das ganze Unternehmen mit seinem Ruf usw. Das Handelsgesetzbuch und das Einkommensteuergesetz geben zahlreiche Regelungen zur Behandlung von Geschäfts- und Firmenwerten vor. Wird ein solcher Goodwill gemäß den Vorschriften als Vermögensgegenstand bilanziert, muss er auch abgeschrieben werden – dies ist die »AfA Goodwill«.

Leistungsergebnis

Ausgangspunkt für das Leistungsergebnis ist das operativen Ergebnis II, das um die sonstigen betrieblichen Erlöse erhöht wird. Bei den sonstigen betrieblichen Erlösen handelt es sich um Erlöse, die nicht mit dem grundlegenden Betriebszweck verbunden sind. Denken Sie dabei an die private Kfz-Nutzung, an Mieterträge oder Erträge aus abgeschriebenen Forderungen.

Das Leistungsergebnis zeigt, wie sich nicht originär mit dem Betriebszweck verbundene Erlöse auf das Unternehmensergebnis auswirken.

Das Leistungsergebnis entspricht dem Betriebsergebnis der Kostenstatistik I.

Zinsergebnis

Das Zinsergebnis setzt sich aus den Zinserträgen abzüglich der Zinsaufwendungen zusammen. Es wird als Zwischensumme zwischen den verschiedenen Unternehmensergebnissen ausgewiesen und soll auf einen Blick deutlich machen, ob das Unternehmen durch Geldanlagen verdient oder ob im Gegenteil das Unternehmensergebnis durch Zinsen belastet wird.

Betriebsergebnis

Das in der Rating BWA dargestellte Betriebsergebnis entspricht nicht demjenigen der Kostenstatistik I.

In die Rating BWA wird nämlich das Zinsergebnis miteinbezogen, das zum Leistungsergebnis des Unternehmens hinzugerechnet wird. Daraus ergibt sich das Betriebsergebnis der Rating BWA, das ein Zwischenergebnis ohne den Einfluss von neutralen Aufwendungen und neutralen Erträgen und ohne die Auswirkungen von Steuern ist.

Achtung

Sie werden vielleicht schon einmal gehört haben, dass das Betriebsergebnis auch als EBIT (earnings before interest and taxes, zu Deutsch: Einnahmen **vor** Zinsen und Steuern) bezeichnet wird. Diese Definition entspricht nicht dem Betriebsergebnis in der Rating BWA, da Sie ja die Zinsen bei der Ermittlung des Betriebsergebnisses der Rating BWA bereits miteingerechnet haben und es somit kein Ergebnis vor Zins- und Steuerberücksichtigung darstellt.

Gesamt Neutraler Aufwand

Alle weiteren neutralen Aufwendungen Ihres Unternehmens werden unter der Position »Gesamt Neutraler Aufwand« zusammengefasst. Zum einen fließen an dieser Stelle die sonstigen Steuern des Vorjahrs mit ein. Zum anderen gehören die sonstigen neutralen Aufwendungen zu diesem gesamten neutralen Aufwand. Unter dieser Position finden Sie eher selten vorkommende Sachverhalte, wie z. B. Aufwendungen aus der Verlustübernahme.

Gesamt Neutraler Ertrag

Diese Position umfasst alle weiteren neutralen Erträge Ihres Unternehmens. Wie auch bei den neutralen Aufwendungen handelt es sich um selten vorkommende Geschäftsvorfälle, zu denen z. B. Gewinne aus der Veräußerung/Aufgabe von Geschäftsaktivitäten oder Erträge durch Verschmelzung und Umwandlung gehören.

Ergebnis vor Steuern

Das Ergebnis vor Steuern berechnet sich so:

Betriebsergebnis
– gesamter neutraler Aufwand
+ gesamter neutraler Ertrag
= Ergebnis vor Steuern (4)

Wie auch bei der Kostenstatistik I ist das Ergebnis vor Steuern eine Größe, die das Unternehmensergebnis ohne Auswirkungen der Steuern von Einkommen und Ertrag zeigt. Diese Ergebnisposition eignet sich z. B. für internationale Vergleiche besser als das vorläufige Ergebnis, in das die Gewerbesteuer, Körperschaftsteuer und der Solidaritätszuschlag bereits eingeflossen sind.

Hinweis

Beachten Sie auch hier wieder, dass sich die Steuern vom Einkommen und Ertrag von Einzelunternehmern oder Personengesellschaften in Form der Einkommensteuer, in Form von Solidaritätszuschlag und Kirchensteuer nicht in der betriebswirtschaftlichen Auswertung auswirken, da diese keine Aufwendungen des Unternehmens sind.

Ergebnis vor Körperschaftsteuer und Solidaritätszuschlag

Im Gegensatz zur Kostenstatistik I zeigt die Rating BWA den Einfluss von Körperschaftsteuer/Solidaritätszuschlag und Gewerbesteuer getrennt. Das Ergebnis vor Körperschaftsteuer und Solidaritätszuschlag[39] beinhaltet also nur den Gewerbesteueraufwand.

Vorläufiges Ergebnis

Erst das vorläufige Ergebnis umfasst auch die Auswirkungen von Körperschaftsteuer und Solidaritätszuschlag und stellt also das vorläufige Unternehmensergebnis dar, das mit der Kostenstatistik I bzw. der einfachen BWA übereinstimmt.

8.2 Spaltenaufbau – Auswertungsanalyse auf einen Blick

Die Spalten der Rating BWA sind ebenso wie die der Kostenstatistik I in zwei Bereiche gegliedert: Der erste Bereich zeigt die Zahlen des Auswertungszeitraums und der zweite Bereich die kumulierten Werte des bisherigen Geschäftsjahres.

Innerhalb dieser beiden Blöcke werden wieder sowohl die absoluten Euro-Beträge der BWA-Kategorien als auch verschiedene Kennzahlen, die nachfolgend kurz überblicksweise vorgestellt werden, aufgeführt.

Vielleicht haben Sie sich gerade schon gewundert, warum einige Gliederungspunkte der Rating BWA mit Ziffern in Klammern versehen sind. Das sind nämlich die Bezugsgrößen der Kennzahlen.

Der erste Teil der Rating BWA umfasst folgende Spalten:

Bezeichnung	Saldo	(1) %	(2) %	(3) %	(4) %

Aus den einzelnen Spalten können Sie Folgendes ablesen:

Spalte »Bezeichnung«: Hier finden Sie die Bezeichnung der einzelnen BWA-Posten

Spalte »Saldo«: Diese Spalte zeigt den Wert der jeweiligen Zeile in absoluten Euro-Beträgen im Auswertungszeitraum.

Spalte »(1) %«: Hier sehen Sie den Anteil der Erträge und Aufwendungen bezogen auf die Gesamtleistung (1) (100 %) im Auswertungszeitraum.

39 Im Buchhaltungsprogramm von Lexware als »ERGEBNIS vor KSt/SolZ« bezeichnet.

Spalte »(2) %«: Hier ist der Anteil der Erträge und Aufwendungen bezogen auf die Summe der variablen Kosten (2) – kalkulierte Kosten – (100 %) im Auswertungszeitraum dargestellt.

Spalte »(3) %«: Diese Spalte zeigt den Anteil der Erträge und Aufwendungen bezogen auf die tatsächlichen Personalkosten (100 %) im Auswertungszeitraum.

Spalte »(4) %«: Hier finden Sie den Anteil der Erträge und Aufwendungen bezogen auf da Ergebnis vor Steuern (4) (100 %) im Auswertungszeitraum.

Der zweite Teil der Rating BWA ist folgendermaßen aufgebaut:

kumulierter Wert	(1) %	(2) %	(3) %	(4) %

Spalte »kumulierter Wert«: Hier ist der Wert der jeweiligen Zeile in absoluten Euro-Beträgen aufsummiert.

Spalte »(1) %«: Diese Spalte zeigt den Anteil der Erträge und Aufwendungen bezogen auf die Gesamtleistung (1) (100 %); kumulierte Werte.

Spalte »(2) %«: In dieser Spalte können Sie den Anteil der Erträge und Aufwendungen bezogen auf die Summe der variablen Kosten (2) – kalkulierten Kosten – (100 %) ablesen; kumulierte Werte.

Spalte »(3) %«: Die Spalte zeigt den Anteil der Erträge und Aufwendungen bezogen auf die tatsächlichen Personalkosten (100 %); kumulierte Werte.

Spalte »(4) %«: Hier sehen Sie den Anteil der Erträge und Aufwendungen bezogen auf da Ergebnis vor Steuern (4) (100 %); kumulierte Werte.

9 Banken und BWAs

Besonders Ihre Bank wird an den Auswertungen Ihres Unternehmens interessiert sein. Dabei geht es nicht nur um die Aufnahme neuer Kredite, denn auch während der Laufzeit bestehender Darlehen hat Ihr Kreditgeber natürlich ein besonderes Interesse an Ihren Unternehmenszahlen. Schließlich ist es ja sein Geld, das in Ihrem Unternehmen steckt – und das hätte er natürlich gerne auch wieder vollständig zurück. Deswegen möchte und muss Ihre Bank im Blick haben, wie es um Ihr Unternehmen bestellt ist. Standardmäßig interessieren sich die Banken vor allem für die Erfolgslage des Unternehmens – also für die Kostenstatistik I und natürlich auch für die SuSa (Summen- und Saldenliste), um einen Überblick über alle Buchungskonten und deren Veränderungen zu erhalten. Ihre Bank wird dabei ausdrücklich prüfen, ob Ihre Auswertungen auch tatsächlich die wirtschaftliche Entwicklung Ihres Unternehmens zeigen.

Es ist üblich, die Jahresabschlussunterlagen wie die Bilanz und Gewinn- und Verlustrechnung auch an die Kreditgeber weiterzureichen. Allerdings dauert es bekanntlich ein wenig, bis der Jahresabschluss zum letzten 31.12. fertiggestellt ist. Um diese zeitliche Lücke zu schließen, werden auch unterjährig Zahlen zu Ihrem Unternehmen angefordert – es sind also betriebswirtschaftliche Auswertungen einzureichen.

Machen Sie sich bitte bewusst: Je ordentlicher Ihre Auswertungen zusammengestellt sind und je korrekter die zugrunde liegende Buchhaltung geführt wird, desto besser wird der Eindruck sein, den Sie bei Ihrer Bank hinterlassen. Geben Sie diese wichtige Aufgabe nicht komplett aus der Hand, indem Sie lediglich Ihren Steuerberater damit beauftragen, »schnell eine BWA für die Bank« zu übersenden. Es ist unabdingbar, dass Sie auch selbst genau wissen, was in Ihren Auswertungen steht – stellen Sie sich vor, die Bank braucht mehr Informationen zu einem gewissen Posten und Sie haben keine Ahnung, worum es eigentlich geht. Das macht keinen guten Eindruck.

Wenn Sie sich an den Anfang dieses Buches zurückerinnern, wird Ihnen noch einmal in den Sinn kommen, was alles für eine aussagekräftige betriebswirtschaftliche Auswertung beachtet werden muss. Setzen Sie nicht voraus, dass Ihr Bankberater Ihre Auswertungen eigenständig so aufbereitet, dass die tatsächliche Unternehmenslage gezeigt wird.

Denken Sie an den Unterschied zwischen Wareneinkauf und Wareneinsatz: Buchen Sie nur die Wareneingangsrechnungen und nicht den tatsächlichen Wareneinsatz, könnten Sie ein Problem mit Ihrer Bank bekommen, wenn Sie beispielsweise im Januar die Ware für das komplette Jahr im Voraus eingekauft haben, weil es günstige Einkaufskonditionen gab und Sie damit ein dickes Minus beim vorläufigen Ergebnis produziert haben.

Oder denken Sie an den Ausweis der Gesamtleistung. Hierbei ist es unerlässlich, dass z. B. die komplette Gesamtleistung Ihres Unternehmens in der Kostenstatistik I dargestellt wird. Werden keine Bestände an fertigen und unfertigen Erzeugnissen und teilfertigen Leistungen gebucht, die zugehörigen Aufwendungen aber schon in der Auswertung ausgewiesen, stellen Sie Ihr Unternehmen schlechter dar, als es ist. Wer will das gegenüber einer Bankgespräch schon?

Was interessiert Banken hinsichtlich der betriebswirtschaftlichen Auswertungen eigentlich genau? An dieser Stelle nochmals Danke an Herrn Sejdic für die interessanten Einblicke in die BWA-Analyse der Banken.

Zunächst einmal lässt sich festhalten, dass Ihre Bank natürlich ein Interesse daran hat, wie viel Umsatz Sie erzielen und was davon als Betriebsergebnis übrigbleibt. Erzielen Sie bspw. hohe Umsätze, aber das Betriebsergebnis ist im Verhältnis nur gering, wird Ihr Bankberater hellhörig werden und auf die Suche nach der Ursache gehen. Der nächste Blick wird dann also dem Kostenblock und den einzelnen Kostenpositionen gelten. Wofür wird in Ihrem Unternehmen Geld ausgegeben? Sind vielleicht die Fahrzeugkosten im Verhältnis zu den erzielten Umsätzen zu hoch? Ist vielleicht ein einmalig außergewöhnlich hoher Posten für die Diskrepanz verantwortlich? Wenn sich die Werte nicht nachvollziehen lassen, wird Ihr Bankberater höchstwahrscheinlich das Gespräch mit Ihnen suchen. Setzen Sie sich also am besten schon vor einem Gespräch intensiv mit Ihren Unternehmenszahlen auseinander.

Darüber hinaus interessieren sich Banken auch für den sog. »erweiterten Cashflow«. Dies ist eine Größe, die aus Ihrer Erfolgsauswertung abgeleitet wird. Unter Hinzuziehung von weiteren Komponenten, wie z. B. Privatentnahmen und Privateinlagen, dient der erweiterte Cashflow Ihrer Bank dafür, Ihre Kapitaldienstfähigkeit zu berechnen. Kapitaldienstfähigkeit ist die Bezeichnung dafür, Bankkredite in Form von Zins- und Tilgungszahlungen auch tatsächlich bedienen zu können.

Der Cashflow eines Unternehmens stellt die Einzahlungen und Auszahlungen eines Unternehmens gegenüber. Daher sollten nur Größen, die auch tatsächlich zahlungswirksam sind, in den Cashflow mit einfließen. Das heißt, gewinnmindernde Positionen, die nicht zahlungswirksam sind, wie Abschreibungen oder Zuführungen zu Rückstellungen etc., werden für die Berechnung dieser Kennzahl eliminiert.

Ausgehend von diesem »Geldfluss« lässt sich dann berechnen, wie hoch – unter Berücksichtigung von weiteren Komponenten wie z. B. der Höhe der getätigten Privatentnahmen – die Belastung mit Zins- und Tilgungszahlungen maximal sein darf.

Zu guter Letzt noch ein Wort zur SuSa. Auch diese wird von Ihrer Bank eingehend unter die Lupe genommen. Die SuSa führt ja alle bebuchten Konten sowie die Vorgänge auf den Konten in zusammengefasster Form auf. Besonders die Bestandskonten, die ja keinen Eingang in die Erfolgsauswertung finden, sind für Ihre Bank interessant. Gibt es vielleicht weitere Kredite, von denen die Bank bisher nichts wusste? Wie sieht Ihr Anlagevermögen aus? Haben Sie neue Wirtschaftsgüter erworben?

Sie sehen – Ihre betriebswirtschaftlichen Auswertungen sind nicht nur interessant, damit Sie selbst Ihr Unternehmen einschätzen können. Auch externe Kapitalgeber werden Ihre Unternehmenszahlen eingehend prüfen. Um auch Ihrer Bank für Auskünfte zur Verfügung stehen zu können, ist es also umso wichtiger, dass Sie sich in Ihrer BWA zurechtfinden und die ausgewiesenen Werte erklären können.

Anhang

Einfache BWA

Johann Bardo Don Bardo Einrichtung & Deko, Rebenstraße 1, 12345 Weinstadt

Betriebswirtschaftliche Auswertung zum 30. Juni

	EUR
Umsatzerlöse	48.307,84
Bestandsveränderung FE/UE	8.500,00
Sonstige betriebliche Erträge	500,00
Gesamtleistung	**57.307,84**
Wareneinkauf	**-36.612,27**
Waren/Material	**-36.612,27**
Personalkosten	-6.590,40
Raumkosten	-1.134,45
Versich./Beiträge	-220,00
Kfz-Kosten	-635,26
Werbe-/Reisekosten	-2.435,68
Kosten Warenabgabe	-300,00
Abschreibungen	-1.750,00
Reparatur/Instandhaltung	-621,85
Sonstige Kosten	-3.394,21
Nicht abzugsfähige Betriebsausgaben	-28,20
Gesamtkosten	**-17.110,05**
Betriebsergebnis	**3.585,52**
Zinsaufwand	-186,66
Übrige Steuern	-106,00
Neutraler Aufwand	**-292,66**
Sonst. neutral. Ertrag	**200,00**
Summe Neutraler Ertrag	**200,00**
Ergebnis	**3.492,86**

Kontennachweis zur Betriebswirtschaftlichen Auswertung zum 30. Juni

			EUR
1.	**Gesamtleistung**		
	1.1.	Umsatzerlöse	
		04400 Erlöse 19 % USt	49.274,47
		04736 Gewährte Skonti 19 % USt	-546,46
		04790 Gewährte Rabatte 19 % USt	-420,17
	1.2.	Bestandsveränderung FE/UE	
		05880 Bestandsveränd. – Roh-, Hilfsstoffe, Waren	8.500,00
	1.3.	Sonstige betriebliche Erträge	
		04639 Verwendung von Gegenständen (Kfz) ohne USt	100,00
		04645 Verwendung von Gegenständen (Kfz) 19 % USt	400,00
2.	**Waren/Material**		
	2.1.	Wareneinkauf	
		05400 Wareneingang 19 % Vorsteuer	-37.111,27
		05736 Erhaltene Skonti 19 % Vorsteuer	499,00
3.	**Gesamtkosten**		
	3.1.	Personalkosten	
		06020 Gehälter	-6.000,00
		06035 Löhne für Minijobs	-576,00
		06036 Pauschale Steuern für Minijobber	-14,40
	3.2.	Raumkosten	
		06310 Miete (unbewegliche Wirtschaftsgüter)	-1.000,00
		06325 Gas, Strom, Wasser	-134,45
	3.3	Versich./Beiträge	
		06400 Versicherungen	-200,00
		06420 Beiträge	-20,00
	3.4.	Kfz-Kosten	
		06520 Kfz-Versicherungen	-84,00
		06530 Laufende Kfz-Betriebskosten	-420,17
		06540 Kfz-Reparaturen	-131,09

3.5. Werbe-/Reisekosten

06600 Werbekosten	-1.680,67
06610 Geschenke abzugsfähig ohne § 37b EStG	-21,01
06670 Reisekosten Unternehmer	-350,00
06674 Reisekosten Unternehmer Verpflegungsmehraufwand	-384,00

3.6. Kosten Warenabgabe

06770 Verkaufsprovisionen	-300,00

3.7. Abschreibungen

06220 Abschreibungen auf Sachanlagen	-1.167,00
06222 Abschreibungen auf Kfz	-583,00

3.8. Reparatur/Instandhaltung

06470 Reparaturen, Instandhaltung andere Anlagen, Betriebs- und	-453,78
Geschäftsausstattung	-168,07
06495 Wartungskosten für Hard- und Software	

3.9. Sonstige Kosten

06640 Bewirtungskosten	-106,25
06780 Fremdarbeiten (Vertrieb)	-200,00
06800 Porto	-78,00
06805 Telefon	-240,00
06815 Bürobedarf	-408,40
06821 Fortbildungskosten	-2.100,84
06850 Sonstiger Betriebsbedarf	-260,72

3.10 Nicht abzugsfähige Betriebsausgaben

06644 Nicht abzugsfähige Bewirtungskosten	-28,20

4. Zinsaufwand

07320 Zinsaufwendungen für langfristige Verbindlichkeiten	-186,66

5. Übrige Steuern

07610 Gewerbesteuer (Vorauszahlung)	-75,00
07685 Kfz-Steuer	-31,00

6. Sonst. neutral. Ertrag

04970 Versicherungsentschädigungen und Schadensersatzleistungen	200,00

Erweiterte BWA mit Kontennachweis

Johann Bardo Don Bardo Einrichtung & Deko, Rebenstraße 1, 12345 Weinstadt

Betriebswirtschaftliche Auswertung A.

	Juni				
	Saldo	**% Ges.-Leistung**	**% Ges.-Kosten**	**% Pers.-Kosten**	**Aufschl.**
Umsatzerlöse	**48.307,84**	**100,00**			
04400 Erlöse 19 % USt	49.274,47				
04736 Gewährte Skonti 19 % USt	-546,46				
04790 Gewährte Rabatte 19 % USt	-420,17				
Bestandsveränderung F/U Erz					
Aktivierte Eigenleistungen					
Gesamtleistung	**48.307,84**	**100,00**	**281,83**	**733,00**	
Mat./Warenverbr.	28.112,27	58,19	164,01	426,56	100,00
05400 Wareneingang 19 % Vorsteuer	-37.111,27				
05736 Erhaltene Skonti 19 % Vorsteuer	499,00				
05880 Bestandsveränd. Roh-, Hilfsstoffe, Waren	8.500,00				
Rohertrag	**20.195,57**	**41,81**	**117,82**	**306,44**	**71,84**
So. betr. Erlöse	700,00	1,45	4,08	10,62	
04639 Verwendung von Gegenständen (Kfz) ohne USt	100,00				
04645 Verwendung von Gegenständen (Kfz) 19 %	400,00				
04970 Versicherungsentschädigungen und Schaden	200,00				
Betriebl. Rohertrag	**20.895,57**	**43,26**	**121,90**	**317,06**	**74,33**
Personalkosten	6.590,40	13,64	38,45	100,00	23,44
06020 Gehälter	-6.000,00				

Kostenstatistik I

in €

	Jahresverkehrszahlen bis Ende Juni				
	Saldo	% Ges.-Leistung	% Ges.-Kosten	% Pers.-Kosten	Aufschl.
Umsatzerlöse	272.967,86	100,00			
04400 Erlöse 19 % USt	275.783,23				
04736 Gewährte Skonti 19 % USt	-2.395,20				
04790 Gewährte Rabatte 19 % USt	-420,17				
Bestandsveränderung F/U Erz					
Aktivierte Eigenleistungen					
Gesamtleistung	**272.967,86**	**100,00**	**317,12**	**690,32**	
Mat./Warenverbr.	161.116,66	59,02	187,18	407,45	100,00
05400 Wareneingang 19 % Vorsteuer	-173.716,50				
05736 Erhaltene Skonti 19 % Vorsteuer	2.599,84				
05880 Bestandsveränd. Roh-, Hilfsstoffe, Waren	10.000,00				
Rohertrag	**111.851,20**	**40,98**	**129,94**	**282,86**	**69,42**
So. betr. Erlöse	4.200,00	1,54	4,88	10,62	
04639 Verwendung von Gegenständen (Kfz) ohne USt	600,00				
04645 Verwendung von Gegenständen (Kfz) 19 %	2.400,00				
04970 Versicherungsentschädigungen und Schaden	1.200,00				
Betriebl. Rohertrag	**116.051,20**	**42,51**	**134,82**	**293,49**	**72,03**
Personalkosten	39.542,40	14,49	45,94	100,00	24,54
06020 Gehälter	-36.000,00				

	Juni				
	Saldo	**% Ges.-Leistung**	**% Ges.-Kosten**	**% Pers.-Kosten**	**Aufschl.**
06035 Löhne für Minijobs	-576,00				
06036 Pauschale Steuern für Minijobber	-14,40				
Raumkosten	1.134,45	2,35	6,62	17,21	4,04
06310 Miete (unbewegliche Wirtschaftsgüter)	-1.000,00				
06325 Gas, Strom, Wasser	-134,45				
Betriebl. Steuern	31,00	0,06	0,18	0,47	0,11
07685 Kfz-Steuer	-31,00				
Versicherungen/Beiträge	220,00	0,46	1,28	3,34	0,78
06400 Versicherungen	-200,00				
06420 Beiträge	-20,00				
Telefonkosten	240,00	0,50	1,40	3,64	
06805 Telefon	-240,00				
Fahrzeugkosten	635,26	1,32	3,71	9,64	
06520 Kfz-Versicherungen	-84,00				
06530 Laufende Kfz-Betriebskosten	-420,17				
06540 Kfz-Reparaturen	-131,09				
Reisekosten	734,00	1,52	4,28	11,14	
06670 Reisekosten Unternehmer	-350,00				
06674 Reisekosten Unternehmer Verpflegungsmeh	-384,00				
Geschenke	21,01	0,04	0,12	0,32	
06610 Geschenke abzugsfähig ohne § 37b EStG	-21,01				
Bewirtungskosten	134,45	0,28	0,78	2,04	
06640 Bewirtungskosten	-106,25				
06644 Nicht abzugsfähige Bewirtungskosten	-28,20				

	Jahresverkehrszahlen bis Ende Juni				
	Saldo	% Ges.-Leistung	% Ges.-Kosten	% Pers.-Kosten	Aufschl.
06035 Löhne für Minijobs	-3.456,00				
06036 Pauschale Steuern für Minijobber	-86,40				
Raumkosten	6.806,72	2,49	7,91	17,21	4,22
06310 Miete (unbewegliche Wirtschaftsgüter)	-6.000,00				
06325 Gas, Strom, Wasser	-806,72				
Betriebl. Steuern	186,00	0,07	0,22	0,47	0,12
07685 Kfz-Steuer	-186,00				
Versicherungen/Beiträge	1.320,00	0,48	1,53	3,34	0,82
06400 Versicherungen	-1.200,00				
06420 Beiträge	-120,00				
Telefonkosten	1.240,00	0,45	1,44	3,14	
06805 Telefon	-1.240,00				
Fahrzeugkosten	3.747,70	1,37	4,35	9,48	
06520 Kfz-Versicherungen	-504,00				
06530 Laufende Kfz-Betriebskosten	-2.818,49				
06540 Kfz-Reparaturen	-425,21				
Reisekosten	1.584,00	0,58	1,84	4,01	
06670 Reisekosten Unternehmer	-1.200,00				
06674 Reisekosten Unternehmer Verpflegungsmeh	-384,00				
Geschenke	21,01	0,01	0,02	0,05	
06610 Geschenke abzugsfähig ohne § 37b EStG	-21,01				
Bewirtungskosten	512,60	0,19	0,60	1,30	
06640 Bewirtungskosten	-376,76				
06644 Nicht abzugsfähige Bewirtungskosten	-135,84				

	Juni				
	Saldo	**% Ges.-Leistung**	**% Ges.-Kosten**	**% Pers.-Kosten**	**Aufschl.**
Kosten Warenabgabe	500,00	1,04	2,92	7,59	1,78
06770 Verkaufsprovisionen	-300,00				
06780 Fremdarbeiten (Vertrieb)	-200,00				
Abschreibungen	1.750,00	3,62	10,21	26,55	
06220 Abschreibungen auf Sachanlagen	-1.167,00				
06222 Abschreibungen auf Kfz	-583,00				
Reparatur/Instandhaltung	453,78	0,94	2,65	6,89	1,61
06335 Instandhaltung betrieblicher Räume	0,00				
06470 Reparaturen, Instandhaltung andere Anlage	-453,78				
sonstige Kosten	4.696,70	9,72	27,40	71,27	
06495 Wartungskosten für Hard- und Software	-168,07				
06600 Werbekosten	-1.680,67				
06800 Porto	-78,00				
06815 Bürobedarf	-408,40				
06821 Fortbildungskosten	-2.100,84				
06845 Werkzeuge und Kleingeräte	0,00				
06850 Sonstiger Betriebsbedarf	-260,72				
Gesamtkosten	17.141,05	35,48	100,00	260,09	
Betriebsergebnis	3.754,52	7,77			
Zinsaufwand	186,66	0,39			
07320 Zinsaufwendungen für langfristige Verbindlichkeiten	-186,66				
Sonst. neutr. Aufwand					
Neutr. Aufwand Ges	**186,66**	**0,39**			

	Jahresverkehrszahlen bis Ende Juni				
	Saldo	% Ges.-Leistung	% Ges.-Kosten	% Pers.-Kosten	Aufschl.
Kosten Warenabgabe	2.300,00	0,84	2,67	5,82	1,43
06770 Verkaufsprovisionen	-2.100,00				
06780 Fremdarbeiten (Vertrieb)	-200,00				
Abschreibungen	10.500,00	3,85	12,20	26,55	
06220 Abschreibungen auf Sachanlagen	-7.000,00				
06222 Abschreibungen auf Kfz	-3.500,00				
Reparatur/Instandhaltung	703,78	0,26	0,82	1,78	0,44
06335 Instandhaltung betrieblicher Räume	-250,00				
06470 Reparaturen, Instandhaltung andere Anlage	-453,78				
Sonstige Kosten	17.613,13	6,45	20,46	44,54	
06495 Wartungskosten für Hard- und Software	-2.521,01				
06600 Werbekosten	-7.983,19				
06800 Porto	-1.067,00				
06815 Bürobedarf	-2.509,24				
06821 Fortbildungskosten	-2.100,84				
06845 Werkzeuge und Kleingeräte	-132,77				
06850 Sonstiger Betriebsbedarf	-1.299,08				
Gesamtkosten	**86.077,34**	**31,53**	**100,00**	**217,68**	
Betriebsergebnis	**29.973,86**	**10,98**			
Zinsaufwand	1.120,00	0,41			
07320 Zinsaufwendungen für langfristige Verbindlichkeiten	-1.120,00				
Sonst. neutr. Aufwand					
Neutr. Aufwand Ges	**1.120,00**	**0,41**			

	Juni				
	Saldo	**% Ges.-Leistung**	**% Ges.-Kosten**	**% Pers.-Kosten**	**Aufschl.**
Zinserträge					
Sonst. neutr.Erträge					
04845 Erlöse Sachanlageverkäufe 19 % USt	0,00				
04855 Abgänge Sachanlagen Restbuchwert	0,00				
Neutr. Ertrag Ges					
Ergebnis vor Steuern	3.567,86	7,39			
Steuern Einkommen und Ertrag	75,00	0,16			
07610 Gewerbesteuer (Vorauszahlung)	-75,00				
Vorl. Ergebnis	**3.492,86**	**7,23**			

	Jahresverkehrszahlen bis Ende Juni				
	Saldo	% Ges.-Leistung	% Ges.-Kosten	% Pers.-Kosten	Aufschl.
Zinserträge					
Sonst. neutr.Erträge	4.200,68	1,54			
04845 Erlöse Sachanlageverkäufe 19% USt	4.201,68				
04855 Abgänge Sachanlagen Restbuchwert	-1,00				
Neutr. Ertrag Ges	**4.200,68**	**1,54**			
Ergebnis vor Steuern	**33.054,54**	**12,11**			
Steuern Einkommen und Ertrag	450,00	0,16			
07610 Gewerbesteuer (Vorauszahlung)	-450,00				
Vorl. Ergebnis	**32.604,54**	**11,94**			

Summen- und Saldenliste (Auszug)

Johann Bardo Don Bardo Einrichtung & Deko, Rebenstraße 1, 12345 Weinstadt

Konto	Kontobezeichnung	Letzte Buchung	Eröffnungsbilanzwerte Aktiva	Passiva
00520	Pkw	30.06.	1,00	
00640	Ladeneinrichtung	30.06.	48.000,00	
00690	Sonstige Betriebs- und Geschäftsausstattung	30.06.	6.000,00	
Summe Anlagevermögen			**54.001,00**	
01140	Waren	30.06.	9.750,00	
01200	Forderungen aus Lieferungen und Leistungen	30.06.	4.916,00	
01406	Abziehbare Vorsteuer 19 %	30.06.		
01600	Kasse	30.06.	2.860,00	
01700	Bank (Postbank)	30.06.	11.552,00	
01800	Bank	30.06.	24.201,00	
01900	Aktive Rechnungsabgrenzung	30.06.		
Summe Umlaufvermögen			**53.279,00**	
02010	Variables Kapital	01.01.		51.258,80
02100	Privatentnahmen allgemein	30.06.		
02130	Unentgeltliche Wertabgaben	30.06.		
02180	Privateinlagen	30.06.		
Summe Eigenkapitalkonten				**51.258,80**
03035	Gewerbesteuerrückstellung, § 4 Abs. 5b EStG	30.06.		
03160	Verbindlichkeiten geg. Kreditinstituten Restlaufzeit 1 bis 5 Jahre	30.06.		31.000,00
03300	Verbindlichkeiten aus Lieferungen und Leistungen	30.06.		9.200,70
03564	Darlehen – Restlaufzeit 1 bis 5 Jahre	30.06.		
03720	Verbindlichkeiten aus Lohn und Gehalt	30.06.		2.339,30
03730	Verbindlichkeiten aus Lohn- u. Kirchensteuer	30.06.		472,30
03740	Verbindlichkeiten soziale Sicherheit	30.06.		602,90
03806	Umsatzsteuer 19 %	30.06.		
03841	USt Vorjahr	01.01.		2.876,00
Summe Fremdkapitalkonten				**46.491,20**

Konto	Kontobezeichnung	Letzte Buchung	Eröffnungsbilanz-werte	
			Aktiva	Passiva
04400	Erlöse 19 % USt	30.06.		
04639	Verwendung von Gegenständen (Kfz) ohne USt	30.06.		
04645	Verwendung von Gegenständen (Kfz) 19 % USt	30.06.		
04736	Gewährte Skonti 19 % USt	30.06.		
04790	Gewährte Rabatte 19 % USt	30.06.		
04845	Erlöse Sachanlageverkäufe 19 % USt	10.01.		
04855	Abgänge Sachanlagen Restbuchwert	10.01.		
04970	Versicherungsentschädigungen und Schadensersatzleistungen	30.06.		
Summe Betriebliche Erträge				
…	…	…	…	…

Sachkonten Juni

in €

Summe für Juni		Summe per 30.06.		Saldo per 30.06.	
Soll	Haben	Soll	Haben	Soll	Haben
	583,00	42.016,81	3.501,00	38.516,81	
	667,00		4.000,00	44.000,00	
	500,00		3.000,00	3.000,00	
	1.750,00	**42.016,81**	**10.501,00**	**85.516,81**	
10.000,00	1.500,00	11.500,00	1.500,00	19.750,00	
49.020,32	28.150,29	202.765,74	67.370,29	140.311,45	
8.258,36	94,81	45.753,41	493,97	45.259,44	
9.456,30	2.468,00	124.456,30	126.111,00	1.205,30	
160,00	2.743,00	11.480,00	13.600,00	9.432,00	
28.200,00	30.800,86	171.700,00	195.762,55	138,45	
	335,00	4.020,00	2.010,00	2.010,00	
105.094,98	**66.091,96**	**571.675,45**	**406.847,81**	**218.106,64**	
					51.258,80
1.071,40		8.868,90		8.868,90	
576,00		3.456,00		3.456,00	
	384,00		384,00		384,00
1.647,40	**384,00**	**12.324,90**	**384,00**	**12.324,90**	**51.642,80**
	75,00		450,00		450,00
750,00		4.500,00			26.500,00
19.043,81	44.162,42	138.063,81	206.722,65		77.859,54
833,00		4.998,00	50.000,00		45.002,00
					2.339,30
	951,96		5.711,76		6.184,06
	1.206,50		7.239,00		7.841,90
183,66	9.438,15	534,92	53.653,13		53.118,21
					2.876,00
20.810,47	**55.834,03**	**148.096,73**	**323.776,54**		**222.171,01**
	49.274,47		275.783,23		275.783,23
	100,00		600,00		600,00
	400,00		2.400,00		2.400,00
546,46		2.395,20		2.395,20	
420,17		420,17		420,17	
			4.201,68		4.201,68
		1,00		1,00	
	200,00		1.200,00		1.200,00
966,63	**49.974,47**	**2.816,37**	**284.184,91**	**2.816,37**	**284.184,91**
…	…	…	…	…	…

Bewegungsbilanz

Johann Bardo Don Bardo Einrichtung & Deko, Rebenstraße 1, 12345 Weinstadt

in €

Betriebswirtschaftliche Auswertung B. Bewegungsbilanz

	Auswertung bis Ende Juni			
	Mittelverwendung		Mittelherkunft	
	erh. Aktiva min. Passiva	%	erh. Passiva min. Aktiva	%
Anlagevermögen				
Imm. Vermögensgegenstände				
Sachanlagen	38.515,81	19,00	7.000,00	3,45
Finanzanlagen				
Umlaufvermögen				
Anteile				
Vorräte	10.000,00	4,93		
Finanzkonten			27.837,25	13,73
Forderungen	135.395,45	66,78		
Verbindlichkeiten	4.500,00	2,22	126.611,60	62,45
Vorsteuer/Umsatzsteuer			7.858,77	3,88
Wertb./ Rückst. / RAP	2.010,00	0,99	450,00	0,22
Kapital				
Privat	12.324,90	6,08	384,00	0,19
Verlust				
Gewinn			32.604,54	16,08
Summe Mittelverwendung	**202.746,16**	**100,00**		
Summe Mittelherkunft			**202.746,16**	**100,00**

Periodenvergleich

Johann Bardo Don Bardo Einrichtung & Deko, Rebenstraße 1, 12345 Weinstadt

Betriebswirtschaftliche Auswertung zum 30. Juni

Vergleichszeitraum: 01.06.–30.06.

	EUR	**Vergleich**
Umsatzerlöse	48.307,84	34.453,78
Bestandsveränderung FE/UE	8.500,00	-2.500,00
Sonstige betriebliche Erträge	500,00	500,00
Gesamtleistung	**57.307,84**	**32.453,78**
Wareneinkauf	**-36.612,27**	**-17.436,98**
Waren/Material	**-36.612,27**	**-17.436,98**
Personalkosten	-6.590,40	-6.576,00
Raumkosten	-1.134,45	-1.421,20
Versich./Beiträge	-220,00	-240,00
Kfz-Kosten	-635,26	-835,10
Werbe-/Reisekosten	-2.435,68	-663,33
Kosten Warenabgabe	-300,00	0,00
Abschreibungen	-1.750,00	-1.750,00
Reparatur/Instandhaltung	-621,85	-84,03
Sonstige Kosten	-3.394,21	-852,87
Nicht abzugsfähige Betriebsausgaben	-28,20	0,00
Gesamtkosten	**-17.110,05**	**-12.422,53**
Betriebsergebnis	**3.585,52**	**2.594,27**
Zinsaufwand	-186,66	-85,00
Übrige Steuern	-106,00	-31,00
Neutraler Aufwand	**-292,66**	**-116,00**
Sonst. neutral. Ertrag	**200,00**	**0,00**
Neutraler Ertrag	**200,00**	**0,00**
Ergebnis	**3.492,86**	**2.478,27**

Vorjahresvergleich

Johann Bardo Don Bardo Einrichtung & Deko, Rebenstraße 1, 12345 Weinstadt

Betriebswirtschaftliche Auswertung A.

	Juni		Veränderung	
	aktuell	**Vorjahr**	**Betrag**	**in %**
Umsatzerlöse	48.307,84	34.453,78	13.854,06	40.21%
Bestandsveränderung F/U Erz				--,-- %
Aktivierte Eigenleistungen				--,-- %
Gesamtleistung	**48.307,84**	**34.453,78**	**13.854,06**	**40.21%**
Mat./Warenverbr.	28.112,27	19.936,98	8.175,29	41.01%
Rohertrag	**20.195,57**	**14.516,80**	**5.678,77**	**39.12%**
So. betr. Erlöse	700,00	500,00	200,00	40.00%
Betriebl. Rohertrag	**20.895,57**	**15.016,80**	**5.878,77**	**39.15%**
Personalkosten	6.590,40	6.576,00	14,40	0.22%
Raumkosten	1.134,45	1.126,05	8,40	0.75%
Betriebl. Steuern	31,00	31,00		0.00%
Versicherungen/Beiträge	220,00	240,00	-20,00	-8.33%
Telefonkosten	240,00	100,84	139,16	138.00%
Fahrzeugkosten	635,26	835,10	-199,84	-23.93%
Reisekosten	734,00	344,00	390,00	113.37%
Geschenke	21,01		21,01	--,-- %
Bewirtungskosten	134,45		134,45	--,-- %
Kosten Warenabgabe	500,00		500,00	--,-- %
Abschreibungen	1.750,00	1.750,00		0.00%
Reparatur/Instandhaltung	453,78	295,15	158,63	53.75%
Sonstige Kosten	4.696,70	1.155,39	3.541,31	306.50%
Gesamtkosten	**17.141,05**	**12.453,53**	**4.687,52**	**37.64%**
Betriebsergebnis	**3.754,52**	**2.563,27**	**1.191,25**	**46.47%**

Kostenstatistik I Vorjahresvergleich Juni

in €

	Jahreswerte		Veränderung	
	aktuell	Vorjahr	aktuell	Vorjahr
Umsatzerlöse	272.967,86	196.218,49	76.749,37	39.11 %
Bestandsveränderung F/U Erz				--.-- %
Aktivierte Eigenleistungen				--.-- %
Gesamtleistung	**272.967,86**	**196.218,49**	**76.749,37**	**39.11 %**
Mat./Warenverbr.	161.116,66	120.500,00	40.616,66	33.71 %
Rohertrag	**111.851,20**	**75.718,49**	**36.132,71**	**47.72 %**
So. betr. Erlöse	4.200,00	2.680,67	1.519,33	56.68 %
Betriebl. Rohertrag	**116.051,20**	**78.399,16**	**37.652,04**	**48.03 %**
Personalkosten	39.542,40	31.060,80	8.481,60	27.31 %
Raumkosten	6.806,72	6.756,30	50,42	0.75 %
Betriebl. Steuern	186,00	186,00		0.00 %
Versicherungen/Beiträge	1.320,00	1.440,00	-120,00	-8.33 %
Telefonkosten	1.240,00	574,79	665,21	115.73 %
Fahrzeugkosten	3.747,70	3.434,97	312,73	9.10 %
Reisekosten	1.584,00	1.626,00	-42,00	-2.58 %
Geschenke	21,01		21,01	--.-- %
Bewirtungskosten	512,60	547,90	-35,30	-6.44 %
Kosten Warenabgabe	2.300,00		2.300,00	--.-- %
Abschreibungen	10.500,00	10.500,00		0.00 %
Reparatur/Instandhaltung	703,78	295,15	408,63	138.45 %
sonstige Kosten	17.613,13	9.036,48	8.576,65	94.91 %
Gesamtkosten	**86.077,34**	**65.458,39**	**20.618,95**	**31.50 %**
Betriebsergebnis	**29.973,86**	**12.940,77**	**17.033,09**	**131.62 %**

	Juni		Veränderung	
	aktuell	**Vorjahr**	**Betrag**	**in %**
Zinsaufwand	186,66	85,00	101,66	119.60%
Sonst. neutr. Aufwand				--.--%
Neutr. Aufwand Ges	**186,66**	**85,00**	**101,66**	**119.60%**
Zinserträge				--.-- %
Sonst. neutr.Erträge				--.-- %
Neutr. Ertrag Ges				**--.-- %**
Ergebnis vor Steuern	**3.567,86**	**2.478,27**	**1.089,59**	**43.97%**
Steuern Einkommen und Ertrag	75,00		75,00	--.-- %
Vorl. Ergebnis	**3.492,86**	**2.478,27**	**1.014,59**	**40.94%**

	Jahreswerte		Veränderung	
	aktuell	Vorjahr	aktuell	Vorjahr
Zinsaufwand	1.120,00	510,00	610,00	119.61%
Neutr. Aufwand Ges	**1.120,00**	**510,00**	**610,00**	**119.61%**
Zinserträge				--.-- %
Sonst. neutr.Erträge	4.200,68		4.200,68	--.-- %
Neutr. Ertrag Ges	**4.200,68**		**4.200,68**	**--.-- %**
Ergebnis vor Steuern	**33.054,54**	**12.430,77**	**20.623,77**	**165.91%**
Steuern Einkommen und Ertrag	450,00		450,00	--.-- %
Vorl. Ergebnis	**32.604,54**	**12.430,77**	**20.173,77**	**162.29%**

Soll-Ist-Vergleich

Johann Bardo Don Bardo Einrichtung & Deko, Rebenstraße 1, 12345 Weinstadt

Betriebswirtschaftliche Auswertung zum 30. Juni

	EUR	Budget
Umsatzerlöse	48.307,84	50.000,00
Bestandsveränderung FE/UE	8.500,00	8.500,00
Sonstige betriebliche Erträge	500,00	500,00
Gesamtleistung	**57.307,84**	**59.000,00**
Wareneinkauf	**-36.612,27**	**-35.000,00**
Waren/Material	**-36.612,27**	**-35.000,00**
Personalkosten	-6.590,40	-6.515,00
Raumkosten	-1.134,45	-1.284,45
Versich./Beiträge	-220,00	-200,00
Kfz-Kosten	-635,26	-650,00
Werbe-/Reisekosten	-2.435,68	-2.100,00
Kosten Warenabgabe	-300,00	-300,00
Abschreibungen	-1.750,00	-1.783,00
Reparatur/Instandhaltung	-621,85	-700,00
Sonstige Kosten	-3.394,21	-2.650,00
Nicht abzugsfähige Betriebsausgaben	-28,20	-30,00
Gesamtkosten	**-17.110,05**	**-16.212,45**
Betriebsergebnis	**3.585,52**	**7.787,55**
Zinsaufwand	-186,66	-200,00
Übrige Steuern	-106,00	-30,00
Neutraler Aufwand	**-292,66**	**-230,00**
Sonst. neutral. Ertrag	**200,00**	**0,00**
Neutraler Ertrag	**200,00**	**0,00**
Ergebnis	**3.492,86**	**7.557,55**

Stichwortverzeichnis

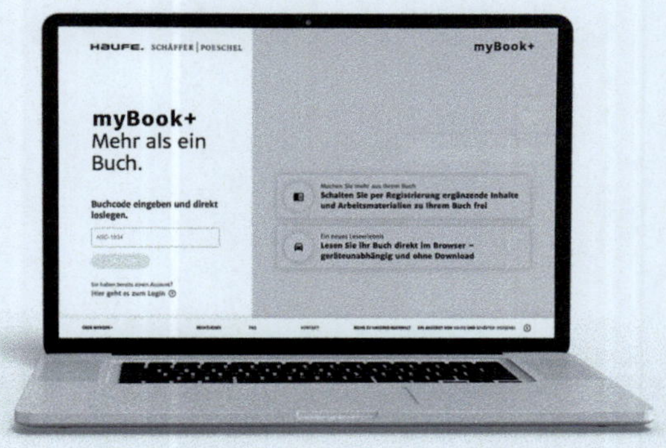

Ihre Online-Inhalte zum Buch: Exklusiv für Buchkäuferinnen und Buchkäufer!

- **https://mybookplus.de**
- Buchcode: `QKX-96203`